ESSAY

KRITIK

MARGINALIEN

Navid Kermani, geb. 1967, Schriftsteller und Orientalist. – Der Beitrag ist eine gekürzte und leicht bearbeitete Fassung der Keynote vom 14 Mai 2025 beim Medienempfang des Hamburger Senats im Hamburger Rathaus. Die vollständige Rede erscheint am 21. August 2025 in Navid Kermani, *Wenn sich unsere Herzen gleich öffnen. Über Politik und Liebe* bei C. H. Beck.

Axel Honneth, geb. 1949, Jack C. Weinstein Professor of the Humanities an der Columbia University in New York. 2023 erschien *Der arbeitende Souverän. Eine normative Theorie der Arbeit*. – Bei dem vorliegenden Beitrag handelt es sich um eine gekürzte Fassung der Jan Patočka Memorial Lecture, gehalten im Dezember 2024 am Institut für die Wissenschaften vom Menschen in Wien.

Helmut Müller-Sievers, geb. 1957, Literaturwissenschaftler, Professor an der Universität Boulder, Colorado. 2025 erscheint *The Novel Experience. Reading Fiction with Nāgārjuna, Nietzsche, and William James*.
helmut.muller-sievers@colorado.edu

Greg Laugero, geb. 1965, Software-Unternehmer.
glaugero@me.com

Marietta Auer, geb. 1972, Direktorin am Max-Planck-Institut für Rechtsgeschichte und Rechtstheorie in Frankfurt am Main. 2024 erschien *Zur Aktualität der Privatrechtstheorie Adolf Reinachs*.
auer@lhlt.mpg.de

Rachel Nolan, Assistant Professor of International History an der Universität Boston. 2024 erschien *Until I Find You: Disappeared Children and Coercive Adoptions from Guatemala*. – Der Beitrag erschien unter dem Titel *There's Nothing For Me Here* in der *New York Review of Books* vom 29. Mai 2025.

Jürgen Osterhammel, geb. 1952, bis 2018 Professor für Neuere und Neueste Geschichte an der Universität Konstanz. 2024 erschien *Rethinking Global History* (Hrsg. zus. mit Stefanie Gänger).
juergen.osterhammel@uni-konstanz.de

Stefan Kühl, geb. 1966, Professor für Organisationssoziologie an der Universität Bielefeld. Er war Mitglied der Kommission »Verantwortungskultur statt Überregulierung« der Nationalen Akademie der Wissenschaften Leopoldina. 2025 erschien *Führung und Gefolgschaft. Management im Nationalsozialismus und in der Demokratie*.
stefan.kuehl@uni-bielefeld.de

Susanne Neuffer, geb. 1951, Autorin. 2019 erschien *Im Schuppen ein Mann*, 2022 *Sandstein. Zwei Novellen*.

Marius Goldhorn, geb. 1991, Autor. – Der Beitrag besteht aus mehreren Auszügen aus dem Roman *Die Prozesse*, der in diesem Monat bei Kiepenheuer & Witsch erscheint.

Anke Stelling, geb. 1971, freie Schriftstellerin. 2018 erschien der Roman *Schäfchen im Trockenen*, 2020 die Erzählungen *Grundlagenforschung*.
www.ankestelling.de

ZU DIESEM HEFT

»*Der Exzeptionalismus war die politische Grundstimmung meiner Jugend*«, erinnert sich Greg Laugero, geboren 1965. Die längste Zeit seines Lebens über gab es für ihn wenig Zweifel daran, dass die Vereinigten Staaten, in denen er aufgewachsen war, letztlich »eine Kraft für das Gute in der Welt waren«. Wie fremd und fern ihm diese Perspektive mittlerweile geworden ist, wird in dem Zwiegespräch mit Helmut Müller-Sievers deutlich. Die beiden Freunde tauschen sich darin über einen 1993 erschienenen Klassiker der Geschichtsschreibung der Antike aus: Christian Meiers *Athen. Ein Neubeginn der Weltgeschichte*.

Auf den ersten Blick hat Meiers Studie denkbar wenig mit dem heutigen Amerika zu tun. Vor dem Hintergrund der Politik des offenen Zynismus aber, für den die Regierung Trump sich selbst regelmäßig öffentlich feiert, erschienen Laugero Episoden wie der Aufstieg der skrupellosen Populisten Alkibiades und Kleon geradezu schmerzhaft aktuell: »Mir ist es beim Lesen kalt den Rücken heruntergelaufen.«

Auch Navid Kermani, zwei Jahre jünger als Laugero, zeigt sich fassungslos angesichts der völligen Preisgabe ideeller politischer Ziele unter Trump. Als Sohn iranischer Eltern in Deutschland aufgewachsen, war sein Grundvertrauen in die Freiheits- und Emanzipationsversprechen der amerikanischen Außenpolitik von vornherein brüchiger. Immerhin hatte die CIA 1953 den Putsch gegen Mohammad Mossadegh, den parlamentarisch legitimierten Premier des Iran, zu verantworten. Der Bruch mit der Vergangenheit liegt für Kermani deshalb auch nicht darin, dass Trump die westlichen Werte verrät, sondern darin, dass Trump diese Werte gar nicht erst vertritt: »Der Unterschied mag gering wirken, ist jedoch bei näherer Betrachtung enorm.«

CD/EK

Navid Kermani

Der Westen, in dem ich geboren bin

Wie es aussieht, erleben wir dieser Tage das Ende einer Epoche – die meisten von uns zum ersten Mal in ihrer Lebenszeit. Zwar fanden seit dem Zweiten Weltkrieg in vielen Teilen der Welt und ebenso an den südlichen und östlichen Rändern Europas Kriege, Umbrüche, Revolutionen, Systemwechsel statt, die das Unterste zuoberst kehrten, sich bis in den Alltag auswirkten, fast schon messianische Hoffnungen weckten oder geradezu apokalyptische Ängste hervorriefen. Aber jedenfalls im Westen Deutschlands, im Westen Europas, waren wir dabei jedes Mal nur Zuschauer. Unser eigenes Leben glich einem langen, historisch betrachtet ungewöhnlich ruhigen Fluss, dessen Stromschnellen und Wasserfälle vor allem privater Natur waren, Krankheiten, persönliche Krisen, berufliche Wenden, Unfälle, Liebe, Elternschaft, Trauer, Sterben. Sicher, auch unsere Lebenswelt hat sich drastisch verändert, seit wir Kinder waren, wenn ich allein an das Internet denke oder daran, dass noch 1990, also in meiner Studienzeit, auf dem Gebiet der alten Bundesrepublik 96 Personen wegen homosexueller Handlungen verurteilt wurden und zehn Schwule deswegen in Haft saßen. Allerdings geschah der Wandel so langsam und immer zunächst untergründig, dass wir gar nicht recht mitbekamen, wie uns geschah, und uns heute kaum noch erinnern, dass es jemals anders gewesen ist.

Dieser Tage hingegen – man kann kaum mehr die Nachrichten einschalten oder eine Tageszeitung aufschlagen, ohne in seinen Gewissheiten erschüttert zu werden, sei es über den Krieg in Gaza, sei es über die Verteidigung der Ukraine, sei es über Deutschland selbst, wo eine Partei, die der Verfassungsschutz als gesichert rechtsextrem einstuft, in Umfragen erstmals auf Platz eins gelandet ist. Das hat natürlich zuvorderst mit den Entwicklungen in den Vereinigten Staaten zu tun seit dem neuerlichen Amtsantritt von Donald J. Trump als Präsident. Amerika hat unser Bewusstsein, unsere Politik, unsere Populärkultur wie keine andere Nation geprägt, und wenn Amerika nicht mehr dasselbe ist, gehören auch wir einer Welt von gestern an, mag es im Alltag noch eine Weile wie gewohnt weitergehen mit Regierungswechseln, Bahnchaos und jeden Abend dem gleichen Krimi im Fernsehen. Ich jedenfalls reibe mir jeden Tag die Augen, wenn ich durch die Nachrichten, Tweets und Bilder aus den Vereinigten Staaten scrolle, ich brauche das nicht alles aufzuführen. Genannt seien nur die Preisgabe der Ukraine, der Riviera-Plan für Gaza mitsamt des obszönen KI-Videos, die Drohung, sich Panama, Grönland und Kanada einzuverleiben, ja, sogar mit militärischen Mittel gegen einen NATO-Verbündeten vorzugehen, die weitreichenden Sprechverbote an öffentlichen Einrichtungen und der Frontalangriff auf die angesehenste Universität der Welt, der römische Gruß Elon Musks und seine Machtdemonstration im Oval Office zusammen mit seinem vierjährigen Sohn, der dem Präsidenten eine Nase dreht, die Missachtung höchstrichterlicher Urteile, die Verhaftung einer Richterin und die versuchte, teils bereits gelungene Erpressung der amerikanischen Großkanzleien, der Stopp der Entwicklungshilfe von einem auf den anderen Tag, die den Tod von Tausenden und Abertausenden Menschen in den ärmsten Ländern der Welt zur Folge haben wird, die in Szene gesetzten Massendeportationen, die bewusst die Bildsprache des Faschismus aufnehmen, die Leugnung des Klimawandels und damit verbunden die Priorisierung fossiler Energien gegen jede wissenschaftliche Erkenntnis, überhaupt die Wissenschaftsfeindlichkeit und damit verbunden der Förderstopp für die Forschung in lebensrelevanten Bereichen wie Medizin oder Pharmazie – und so weiter und so fort. Wer von uns hätte auch nur eine dieser Meldungen noch bis vor kurzem für möglich gehalten? Dabei waren die meisten Maßnahmen bis ins Detail beschrieben in den Übernahmeszenarien der ... nein, konservativ kann man jene Denkfabriken nicht nennen, die der Regierung nahestehen, sie sind das genaue Gegenteil, nämlich im Geiste nicht weniger umstürzlerisch als die Kapitolstürmer des 6. Januar 2021, die vom neuen Präsidenten denn auch am Tag eins seines Amtsantritts amnestiert worden sind, schwere Gewaltverbrecher unter ihnen.

Allein schon am Bedeutungswandel des Wortes »konservativ« ließe sich ablesen, dass an unseren Begriffen kaum noch etwas stimmt. Die europäische Rechte möchten jubeln über den Nationalismus, der mit Trump gesiegt hat, aber merkt zugleich, dass die Interessen der jeweils eigenen Nation, ob Deutschland, Frankreich oder Italien, den amerikanischen diametral entgegengesetzt sind. Vollends verwirrt ist die politische Linke, die doch immer amerikakritisch war. Ein guter – oder in meinen Augen: der schlechtere Teil von ihr argumentiert, was die Ukraine oder die Globalisierung betrifft, neuerdings proamerikanisch, wohingegen ein eingefleischter Transatlantiker wie der neue Bundeskanzler am Abend seines Wahlsiegs in martialischen Worten dazu aufruft, sich gegen Amerika zur Wehr zu setzen. Und angesichts der Übermacht der Tech-Konzerne führen Ordoliberale das Wort Enteignung im Mund, das man aus dem Sozialismus kennt. Ganz zu schweigen von den verdutzten Tesla-Fahrern, die sich gestern noch für umweltfreundlich hielten und heute als Faschisten angepöbelt werden. Weitgehend Konsens ist es inzwischen – und mit inzwischen meine ich keinen Zeitraum von Jahren und Jahrzehnten, sondern die kurze Zeit seit der Demütigung des ukrainischen Präsidenten Selenskyj im Weißen Haus am 28. Februar –, dass es den Westen nicht mehr gibt, den Westen, in dem die meisten von uns geboren sind.

Nun beginnt keine Revolution am Tag ihres Ausbruchs. Auch Umstürze, Kriege, Systemwechsel, so plötzlich und unerwartet sie geschehen, haben stets eine Vorgeschichte, die mit größerem zeitlichem Abstand erkennbar wird. Und was das vermeintliche oder tatsächliche Ende des liberalen Zeitalters betrifft, so sind wir mittendrin und können daher nur spekulieren, ob künftige Historiker das Jahr 2025 dereinst in eine Reihe stellen mit 1914, 1933, 1989 oder 2001. Könnte es nicht sein, dass die Amerikaner bei den Zwischenwahlen im nächsten Jahr für eine demokratische Mehrheit im Kongress sorgen und bei der nächsten Präsidentschaftswahl gerade noch rechtzeitig verhindern, dass sich ein oligarchisches Machtsystem etabliert oder eine Datendiktatur, wie sie Elon Musk und Peter Thiel vorzuschweben scheint? Durchaus spricht manches für die Resilienz der amerikanischen Demokratie und sehr viel für ein Scheitern Donald Trumps, dessen Bildungshorizont, Disziplin und strategische Fähigkeit offenkundig begrenzt sind. Der Tweet, den der ehemalige Schachweltmeister und russische Dissident Garri Kasparow nach Trumps wieder einmal kuriosem Auftritt mit dem neugewählten kanadischen Premierminister absetzte, fasst den Eindruck ganz gut zusammen, der sich vielen aufdrängt: »Wenn Sie betagte Eltern hätten, die so plappern, würden Sie ihnen Kreditkarten und Scheckbuch wegnehmen.« Nimmt man noch sein Team hinzu, das im Wesentlichen aus Geschäftsfreunden und Fernsehmoderatoren besteht, politisch weitgehend unerfahren, muss man es erst recht für abwegig halten, dass die neue Administration tatsächlich amerikanische Interessen gegen die ausgebufften Führer Chinas oder Russlands durchsetzen könnte. Vor allem aber könnten schon bald die Konflikte zwischen den widerstreitenden Unterstützern Trumps ausbrechen, insbesondere zwischen klassischen Nationalisten und den global ausgerichteten Tech-Industriellen.

Aber selbst wenn auf Trump wieder ein liberaler Präsident folgen sollte oder eine Präsidentin – ausgeschlossen scheint es, dass der Westen jemals wieder sein wird, was er für uns war, wenn man in drei Jahren überhaupt noch vom Westen sprechen wird. Denn die tektonische Verschiebung in der Weltpolitik hat lange vor dem jetzigen Erdbeben begonnen, noch vor dem Einstieg Donald Trumps in die Politik, und sie wird sich auch fortsetzen, sollte sich die Entwicklung in den Vereinigten Staaten äußerlich wieder beruhigen. Von einer Zeitenwende haben wir bereits 2022 beim Vormarsch Russlands auf Kiew gesprochen, und erinnern wir uns, einige Monate zuvor, im August 2021, als die Vereinigten Staaten mitsamt ihrer übertölpelten Verbündeten aus Afghanistan flohen, lautete die Überschrift zahlreicher Kommentare und Talkshows, dass dies das Ende des Westens sei. Und damals war es mit Joe

Biden ein Demokrat, der an der gewählten afghanischen Regierung vorbei das schändliche Abkommen mit den Taliban umsetzte und insbesondere die Afghaninnen in die Knechtschaft entließ.

2004 war ich für einige Tage zu Besuch in Harvard, also etwa ein Jahr nach dem Angriff der Vereinigten Staaten auf den Irak. In Erinnerung geblieben ist mir unter anderem eine Begegnung mit dem berühmten Orientalisten Roy Mottahedeh, einem schnauzbärtigen, sehr höflichen, damals schon älteren Herrn. Ich fragte ihn, wie den USA mit all ihrer wissenschaftlichen Expertise und den anerkannt besten Nahost-Forschern der Welt ein solches absehbares Fiasko wie im Irak unterlaufen konnte.

Sie haben auf niemanden gehört, sagte Mottahedeh.

Hat die Regierung denn keine Berater? fragte ich: Niemanden, der sich mit dem Irak auskennt?

Nein, hat sie nicht. Wir waren die Berater, also auch ich. Ich war ständig in Washington, um Regierungen zu beraten, und manchmal haben sie auf mich gehört und manchmal nicht. Aber die Bush-Administration hat uns Nahost-Experten alle vor die Tür gesetzt.

Ist das nicht dumm?

Ja, es ist dumm, seufzte Mottahedeh: Bevor es bösartig ist, ist es dumm. Und wegen dieser Dummheit übernimmt jetzt unser Erzfeind Iran den Irak und fühlt sich wieder stark. Das heißt, wir haben nicht nur den Irak verspielt, sondern auch die Herrschaft der Mullahs für ein, zwei weitere Jahrzehnte zementiert. Das muss man erstmal schaffen.

Und dann auch noch die Lüge im Sicherheitsrat mit Saddams angeblichen Massenvernichtungswaffen, erinnerte ich.

Und die Fotos aus Abu Ghraib, fügte Mottahedeh hinzu: Nicht nur unsere Vormacht im Nahen Osten ist dahin, sondern auch unsere Glaubwürdigkeit.

Und Hunderttausende Tote obendrauf.

Ja, und Hunderttausende Tote obendrauf.

Die Vereinigten Staaten haben immer schon kalte Interessenpolitik betrieben, genauso wie alle anderen Großmächte der Welt. Sie waren niemals so altruistisch und allein den Werten von Demokratie, Freiheit und Menschenrechten verpflichtet, wie es in Sonntagsreden klang. Vor einigen Wochen erst sah ich im Kino einen Dokumentarfilm über den Putsch im Kongo 1961, in dem sich CIA-Veteranen in aller Offenheit über die Ermordung des jungen, charismatischen und hochintelligenten Ministerpräsidenten Patrice Lumumba auslassen, der bei der Ausbeutung der Bodenschätze störte. Und ich dachte, wow, dagegen nehmen sich Trumps Grönlandpläne oder der Knebelvertrag, den er der Ukraine aufzwingen will, geradezu völkerverbindend aus. In dem

Land meiner Eltern haben die Vereinigten Staaten 1953 den gewählten Ministerpräsidenten Mohammad Mossadegh aus dem Amt geputscht, der es gewagte hatte, das iranische Öl für die Iraner selbst zu beanspruchen. Mossadegh war nicht nur ein glühender Anhänger der amerikanischen Demokratie, der es sich zwei Jahre zuvor bei seinem Staatsbesuch nicht nehmen ließ, nach Philadelphia zu fahren, um vor der Freiheitsglocke die Vereinigten Staaten feierlich zum Vorbild der iranischen Freiheitsbestrebungen zu erklären. Als es bereits überall in Teheran Gerüchte über eine bevorstehende Aktion des CIA gab, wiegelte Mossadegh gegenüber den eigenen Beratern ab, nein, nein, keine Sorge, Russland vielleicht, Großbritannien vielleicht, aber die Vereinigten Staaten würden niemals so etwas Schändliches tun. Noch am Vorabend des Putsches saß Mossadegh treuherzig beim amerikanischen Botschafter, der natürlich in das Komplott eingeweiht war. Keine zwölf Stunden später zog der Mob auf, der vom CIA bezahlt worden war.

Oder denken wir an den Putsch gegen Salvador Allende, denken wir an Vietnam, denken wir an die Contras, die Ronald Reagan in Nicaragua einsetzte und die eine regelrechte Mörderbande waren. Und falls wir Europäer uns auf die Schulter klopfen, weil unsere Außenpolitik im Vergleich zu den imperialistischen USA halbwegs anständig gewesen sei, sollten wir uns an all die Kolonialkriege erinnern, in Algerien, in Kenia oder noch in den siebziger Jahren in Mosambik, die grausamer nicht hätten sein können. Und weshalb eigentlich die Vergangenheitsform? In Libyen unterstützten Italiener und Franzosen jeweils unterschiedliche Milizen, deren Krieg bis heute das Land ruiniert, und im Sudan ist jener General Daglo, der 2002 am Genozid in Darfur beteiligt war und dessen Rapid Support Forces in Darfur dieser Tage offenbar einen weiteren Genozid begehen, ein alter Partner der Europäischen Union, der sich zweihundert Millionen Euro für die Abwehr von Flüchtlingen bezahlen ließ. Und weshalb nur die anderen? Noch in den achtziger Jahren haben wir braven Deutschen die Anlagen zur Produktion von Giftgas geliefert, das Saddam Hussein in Halabdscha eingesetzt hat, und erst vor zweieinhalb Jahren hat unsere feministische Außenpolitik die Frauen im Stich gelassen, die in Iran so mutig gegen die klerikale Herrschaft aufbegehrten.

Der Bruch mit der liberalen Weltordnung, den Donald J. Trump verkörpert, liegt nicht darin, dass er die westlichen Werte verrät. Der Bruch liegt darin, dass er die Werte gar nicht erst vertritt. Der Unterschied mag geringfügig wirken, ist jedoch bei näherer Betrachtung enorm. Denn der Westen war nicht einfach ein imperiales Riesenreich unter Führung der USA. Er zeichnete sich durch mal besser, mal schlechter funktionierende Demokratien aus, durch Rechtsstaatlichkeit, Meinungsfreiheit, die Ächtung der Folter, sozialen Ausgleich, Minderheitenrechte, beispiellosen Wohlstand, religiöse ebenso wie zunehmend sexuelle Toleranz, die Unabhängigkeit von Forschung und Wissenschaft und so weiter. Der Westen hat seinen eigenen Bürgern, darunter Millionen und Abermillionen Einwanderern aus allen Teilen der Welt, enorme Freiheiten, Sicherheiten und Gestaltungsmöglichkeiten beschert sowie eine Kultur hervorgebracht, deren Faszination sich nicht einmal seine Systemgegner entziehen konnten, siehe die fantastischen Jazzclubs in der UdSSR. Und auch im Verhältnis zu nichtwestlichen Ländern hat der Westen nicht immer nur Diktaturen an die Macht gebracht oder Bodenschätze geraubt. Er hat ebenso Demokratiebewegungen unterstützt, das Völkerrecht etabliert, Entwicklungshilfe geleistet, Flüchtlinge aufgenommen, in Konflikten vermittelt, Menschenrechte angemahnt, Umweltschutz propagiert und dazu beigetragen, autochthone Traditionen zu bewahren. Um von meinem eigenen Fachgebiet zu sprechen: Die maßgeblichen Editionen der großen Werke der islamischen Geistesgeschichte wurden nicht etwa in Beirut, Kairo oder Mekka erstellt, sondern an den orientalischen Seminaren in Tübingen, Paris oder London. Der Westen, das waren nicht nur seine Regierungen, das waren offene, kreative, neugierige und wissensdurstige Gesellschaften, in denen die Selbstkritik vom Staat gefördert wurde in Form von Subventionen, Preisen, Kultureinrichtungen und Universitäten. Die Spannung zwischen universalistischem demokratischem Sendungsbewusstsein und der Verfolgung nationaler und ökonomischer Interessen hat es gegeben, seit sich der Westen mit dem Eintritt der Vereinigten Staaten in den Ersten Weltkrieg als politische Gestaltungsmacht konstituiert hat, ja, eigentlich ist diese Spannung seit der Amerikanischen und der Französischen Revolution am Ende des 18. Jahrhunderts für die westliche Moderne konstitutiv. Die gleiche Bundesregierung, die so lange wie keine andere westliche Regierung zu den Protesten in Iran schwieg, hat zahlreichen Künstlern, Oppositionellen und Frauenrechtlerinnen Schutz gewährt, die aus dem Land fliehen mussten.

Es ist dieser Westen gewesen trotz, mit oder auch vielleicht sogar wegen seiner Widersprüchlichkeit, der eine enorme Anziehungskraft ausgeübt hat auf Menschen aus aller Welt, auf meine Eltern natürlich, die in den fünfziger Jahren nach Deutschland emigrierten, aber bereits auf meinen Großvater, der Ende des 19. Jahrhunderts als erstes Kind aus Isfahan in einer Kutsche an die Amerikanische Schule in Teheran geschickt wurde. Nach deren Gründer und Direktor, dem presbyterianischen Pfarrer Dr. Samuel Jordan, wurde die zweitgrößte Straße Teherans benannt, die Chiyâbân-e Dschordan. Ja, die zweitgrößte Straße der Hauptstadt der Islamischen Republik Iran, die zugleich ihre Ausgehmeile ist mit Cafés, Fastfood, Restaurants, Boutiquen, heißt im Volksmund und für jeden Taxifahrer bis heute Chiyâbân-e Dschordan. Und nicht nur das, sogar ein ganzer Stadtbezirk Teherans trägt den Namen eines christlichen Missionars aus dem Reich des Großen Satans. In den Memoiren meines Großvaters, die zur Grundlage meines Romans *Dein Name* wurden, ist viel von Dr. Jordan und der Amerikanischen Schule die Rede, an der fast die gesamte Elite des frühmodernen Iran ausgebildet worden ist. Dr. Jordan lehrte die jungen Iraner nicht etwa den westlichen oder christlichen Führungsanspruch, sondern ganz im Gegenteil, er leitete seine Schüler und bald auch schon Schülerinnen an, ihr Schicksal und das Schicksal der iranischen Nation selbst in die Hand zu nehmen und gegen die ausländische Ausbeutung anzukämpfen. »Ich wollte die Iraner immer von Amerikas lauteren und uneigennützigen Absichten überzeugen, dem Wohlergehen Irans zu nützen und eine Nation von herzlicher Gutwilligkeit zu schaffen«, schrieb Samuel Jordan selbst über seine Mission. Was heute wie neokonservative Propaganda klingt, scheint bis in die vierziger Jahre tatsächlich der amerikanischen Strategie entsprochen zu haben, Iran zu einem Musterbeispiel für Demokratie, Menschenrechte, Pressefreiheit und die Befreiung vom Kolonialismus zu entwickeln, wie Präsident Roosevelt es 1943 bei seiner Abreise von der Teheran-Konferenz jedenfalls so überzeugend erklärte, dass ihm die meisten Iraner glaubten – so wie nach dem Zweiten Weltkrieg die Deutschen an Amerika zu glauben begannen, das den Besiegten die Hand reichte und ihnen beim Wiederaufbau half.

1952 starb Samuel Jordan, gerade rechtzeitig vor dem Putsch der CIA, der ihn ins Mark getroffen hätte. Die Rede vor weit über tausend Trauernden in Teheran hielt mit Allahyar Saleh ein führendes Mitglied der Regierung Mossadegh, der, wie viele andere Unabhängigkeitskämpfer, die Amerikanische Schule besucht hatte. Dass Iran sich in den vierziger Jahren, als es sich von den Briten und Russen befreien wollte, den Vereinigten Staaten zuwandte und nicht zuletzt Premierminister Mossadegh seine Hoffnungen buchstäblich bis zum Ende auf die Moralität Washingtons setzte, hatte einen unmittelbaren Grund in der Erfahrung, die viele iranische Führungspersönlichkeiten an der Schule meines Großvaters gemacht hatten.

In all den Jahren und inzwischen Jahrzehnten, in denen ich das politische Geschehen beobachte und als Reporter selbst aus Kriegs- und Krisengebieten berichte, hat sich mir eine Erkenntnis tief und tiefer eingebrannt: Nichts richtet realpolitisch so viel Schaden an wie Realpolitik. Hätten sich nach dem Ausbruch des Zweiten Weltkriegs in Washington die Realpolitiker durchgesetzt, wäre Europa nicht vom Faschismus befreit worden und die Überlebenden nicht aus den Konzentrationslagern. Und nach dem Ende des Zweiten Weltkriegs hätte amerikanische Realpolitik das besiegte Deutschland ausgebeutet, seine Kulturschätze geraubt und es deindustrialisiert wie

2003 den Irak. Zugegeben, mit Idealismus allein setzt man sich weder in der Welt durch noch bei Wahlen. Aber selbst Egoisten leuchtet es heute ein, dass die Großzügigkeit gegenüber den Deutschen Amerika mehr genützt hat als die Verachtung gegenüber den Irakern. Oder eben Iran: Ja, der Putsch von 1953 hat kurzfristig den amerikanischen Interessen gedient, indem er Iran zu einem Vasallenstaat machte und das iranische Öl unter amerikanische Kontrolle brachte. Aber langfristig hat es Iran zu einem Feind gemacht und zur antiamerikanischen Revolution von 1979 geführt. Gerade das iranische Beispiel zeigt eindrücklich, zwischen welchen Polen sich westliche Politik über viele Jahrzehnte bewegte und wie das Ansehen des Westens immer schon changierte. Eben diejenigen, die dem Westen vorwerfen, seine Werte zu verraten, halten die westlichen Werte ja gerade hoch. Denken wir nur an die Begeisterung, die Barack Obama mit seiner leider dann folgenlosen Rede in Kairo in der arabischen und islamischen Welt auslöste. Zuletzt war ich viele Monate in Ostafrika unterwegs, und wo immer ich junge Leute fragte, wo sie am liebsten leben würden, nannten sie nicht Russland, China oder Saudi-Arabien, sondern Europa, Kanada und am häufigsten die USA.

Jetzt könnten zum ersten Mal Menschen in großer Zahl von Amerika fortziehen, insbesondere Akademiker, Intellektuelle, Künstler, digitale Pioniere und die namhaftesten Gelehrten der Welt, ja, den Vereinigten Staaten droht ein regelrechter Braindrain, wie man ihn sonst von armen Ländern oder Diktaturen kennt. Wenn ich dieselben jungen Leute in Ostafrika heute wieder fragte, wo sie leben wollten, würde Amerika, ich bin sicher, viel seltener genannt. Nicht nur die Produkte der westlichen Kulturindustrie gehen um die Welt, sondern dank der Smartphones innerhalb von Sekunden die Bilder der kahlgeschorenen, gebückten oder wie Hühner zusammengepferchten Menschen, die aus den Vereinigten Staaten deportiert worden sind. Dazu die täglichen Horrorbilder aus Gaza, angesichts derer kaum jemand auf der Welt mehr die westliche Unterstützung des Krieges versteht, am wenigsten die Angehörigen der Geiseln.

Wann also begann die westliche Hegemonie zu bröckeln? Als George W. Bush nach den Anschlägen am 11. September den Krieg in Afghanistan und zwei Jahre später die Invasion des Iraks anordnete, sprach er von Freiheit und Demokratie. Einzelne Neokonservative glaubten vielleicht sogar daran, und viele Afghanen, viele Iraker mit ihnen. Tatsächlich haben die Neokonservativen nicht die westliche Hemisphäre erweitert wie erhofft, sondern das genaue Gegenteil bewirkt. Der gescheiterte Irakkrieg hat nicht nur Worte wie Demokratie und Freiheit diskreditiert. Vor allem hat er auswärtige Interventionen überhaupt infrage gestellt, militärische, aber auch politische und humanitäre, und den Rückzug Amerikas auf sich selbst eingeleitet. Die

Passivität des Westens während des Arabischen Frühlings und insbesondere beim Ausbruch der Syrischen Revolution, wo der Diktator Baschar al-Assad ungestraft Obamas Rote Linien übertreten – also das Giftgas gegen das eigene Volk einsetzen – durfte, waren eine Folge davon, ebenso wie der Höhenflug des »Islamischen Staates« sowie das massive Eingreifen Irans, Russlands, der Türkei sowie der Golfstaaten. Sich aus strategisch wichtigen Regionen zurückzuziehen und aus Konflikten herauszuhalten, ist auch eine Form des Handelns, indem es nichtwestlichen Akteuren mit ihren je eigenen, oft feindlichen Interessen den Platz überlässt. Auch der Bruch im transatlantischen Verhältnis war mit Rumsfelds Aufteilung in ein altes, sprich: störrisches und ein neues, sprich: höriges Europa bereits angelegt. Das ist die Vorgeschichte, die Amerikas heutigen Chauvinismus überhaupt erst möglich gemacht hat. Nicht Trump hat die Lüge als zentrales Mittel der politischen Rhetorik etabliert und in der Administration Fachwissen durch Meinungen ersetzt, sondern bereits die Republikaner unter Bush junior.

Ich möchte noch einmal auf das Gespräch mit Roy Mottahedeh zurückkommen. Wenn jemand sich bewusst dumm hält, also auf die vorhandene Expertise nicht zurückgreift, weil er glaubt, alles besser zu wissen – was ist er? Er ist arrogant, mehr als alles andere ist so jemand arrogant beziehungsweise betrunken von sich selbst. Und wenn wir die Geschichte früherer Imperien durchgehen, stets finden wir, dass sie nicht an äußeren Feinden zugrunde gegangen sind, sondern an Selbstzufriedenheit, Überdehnung und vor allem Arroganz, ob nun die Perser oder Römer, die Osmanen, Habsburger oder das Deutsche Kaiserreich, zuletzt auch die Sowjetunion, die womöglich heute noch existierte, wenn sie nicht gemeint hätte, im Handumdrehen Afghanistan erobern zu können, während sie sich gleichzeitig gegen die NATO hochrüstete. Die Berliner Mauer, sie wurde nicht zuletzt von den Mudschahedin zu Fall gebracht, die von den Vereinigten Staaten eben deshalb unterstützt worden waren, damit sie die Rote Armee fernab am Hindukusch beschäftigen, also ganz sicher nicht aus Liebe zum afghanischen Volk, geschweige denn ideologischer Nähe, waren doch viele der Mudschahedin radikal islamistisch und gegen den Westen eingestellt. Allein, die Reagan-Administration wusste genau, warum es schlauer war, auf den Feind des Feindes zu setzen, statt selbst zu intervenieren. So zehrte die Sowjetunion fernab am Hindukusch ihre Kräfte auf durch den unerwartet starken afghanischen Widerstand.

Reagan, so viel ist sicher, hätte sich niemals auf ein Abenteuer wie die Invasion des Irak eingelassen, und wenn, hätten sich seine Regierung und Armee über die Geschichte, die geografischen Bedingungen, die gesellschaftlichen Gegebenheiten umfassend informiert, unter anderem durch Gelehrte wie Roy Mottahedeh. Noch Reagans Stellvertreter und Nachfolger

George Bush senior hat 1990 im ersten der beiden amerikanischen Irakkriege die Gelegenheit verstreichen lassen, Saddam Hussein zu stürzen, als es ein Einfaches gewesen wäre. Das hat Zehntausende Schiiten in den Sümpfen das Leben gekostet, die Amerika zuvor zum Aufstand aufgerufen hatte, und mehrere Hunderttausend Iraker, überproportional viele Kinder unter ihnen, starben in Folge der scharfen Sanktionen, etwa weil keine Medikamente und technischen Geräte für die Krankenhäuser mehr geliefert werden durften. Moralisch war die Entscheidung von Bush senior also mehr als fragwürdig. Aber wenn man schon Realpolitik betreibt, sollte sie wenigstens die kurzfristigen Ziele erreichen, statt den Gegner auch noch stärker zu machen wie Bush junior den Iran und Donald Trump Russland und China. Und aus Sicht Washingtons war es 1990 klug, den Aggressor nachhaltig zu schwächen und ihn als Gefahr auszuschalten, ohne deswegen die Verantwortung zu übernehmen für einen so großen, ethnisch wie konfessionell komplexen Flächenstaat in der wohl explosivsten Region der Welt.

1991 brach die Sowjetunion und mit ihr der Warschauer Pakt zusammen, es war für den Westen als Bündnis, als Zivilisation, als Lebensmodell der größte denkbare Triumph. Ich bin nicht der Erste, der im Rückblick die ganze Hybris erkennt, die insbesondere die Vereinigten Staaten damals erfasst hat. Der Kapitalismus, der keinen Widersacher mehr hatte, an dem er sich beweisen muss, entledigte sich in vielen Teil der Welt der Fesseln der sozialen Marktwirtschaft, so dass sich immer mehr Reichtum auf immer weniger Menschen verteilte und der Staat seinen elementaren Aufgaben wie dem Erhalt der Infrastruktur oder sauberen Schulen auch in Deutschland immer weniger nachkam. Zugleich hat selbst ein besonnener amerikanischer Präsident wie Barack Obama Russland als Regionalmacht verhöhnt, die man getrost von der europäischen Sicherheitsarchitektur ausschließen kann. Angesehene Wissenschaftler sprachen ernsthaft vom Ende der Geschichte und meinten damit nichts weniger als ein ewiges Reich, das von westlicher Kultur, westlicher Demokratie, westlichem Kapitalismus bestimmt sein würde. Das Gegenteil war der Fall.

China, aufgeschreckt durch die Massenproteste am Tiananmen-Platz und gewarnt durch den Sturz Gorbatschows, der versucht hatte, die Sowjetunion durch gesellschaftliche Freiheiten zu retten, setzte nach innen auf äußerste Härte und nach außen zu seinem imperialen Höhenflug an. Weil es der chinesischen KP durch wirtschaftliche Reformen gelang, eine beispiellose Dynamik zu entfesseln, die Hunderte Millionen Chinesen aus der bittersten Armut befreite, konnte sie das Protestpotential so weit einhegen, dass es mit der Verfolgung von Dissidenten, Umerziehungslagern für renitente Volksgruppen und einer massiven Überwachung beherrschbar wurde.

Zugleich überschwemmte China mit preisgünstigen Produkten Märkte auf der ganzen Welt und baute seinen Einfluss insbesondere im Globalen Süden durch wirtschaftliche Lockmittel und den kreditfinanzierten Aufbau der Infrastruktur Land um Land aus. Ohne eine einzige Kugel abzufeuern, einen einzigen Soldaten bei einer Invasion zu verlieren, hat China auf diese Weise bereits die halbe Welt von sich abhängig gemacht. Als ich auf meiner Reise durch Ostafrika zum Umsteigen in Addis Abeba landete, dem zentralen Hub des gesamten Kontinents, schaute ich auf die Tafel mit den internationalen Abflügen und staunte, dass so gut wie keine westlichen Städte aufgelistet waren, dafür lauter Namen, die ich noch nie gehört hatte. Ich googelte sie der Reihe nach durch: Es handelte sich durchweg um chinesische Metropolen, die vor dreißig Jahren noch Provinznester waren und heute größer sind als Berlin.

Die Wege Afrikas verlaufen längst nicht mehr zu uns in den Norden oder Westen, sondern in den Fernen Osten. Und wenn wir meinen, dass wir es uns leisten können, von Afrika und der übrigen nichtwestlichen Welt so gut wie nichts mehr zu erfahren, indem wir etwa Korrespondentenstellen eine nach der anderen abbauen, weil die Berichterstattung niemanden in Deutschland mehr interessiert, dann stellen wir uns als Gesellschaft kollektiv so dumm wie die Bush-Administration 2003 bei ihrem Krieg. Dann bricht die Wirklichkeit über uns herein wie am 24. Februar 2022 mit dem Überfall Russlands auf die Ukraine, am 15. August 2021 mit dem Fall von Kabul oder am ersten Septemberwochenende 2015, als auf den ungarischen Autobahnen Tausende Flüchtlinge Richtung Deutschland marschierten. Oder eben am 28. Februar 2025 im Weißen Haus, als es uns dreißig Minuten lang wie Schuppen von den Augen fiel, dass von Amerika kein Schutz mehr zu erwarten ist.

Zweieinhalb Jahre hatte Europa Zeit gehabt, sich darauf vorzubereiten, dass Amerika seine Unterstützung der Ukraine einschränkt oder sogar stoppt. Zweieinhalb Jahre hat Europa verstreichen lassen, ohne einen Gedanken daran zu verschwenden, wie ein Frieden aussehen könnte, der keine komplette Zurückdrängung der russischen Truppen auch von der Krim ist, aber auch keine Kapitulation der Ukraine. Weder hat es einen Friedensplan vorgelegt noch auf die Vermittlungsangebote aus den Ländern des Globalen Südens oder von China reagiert. Genügend aufgerüstet hat es die Ukraine aber auch nicht, der es drei Jahre nach Kriegsausbruch noch immer an Munition fehlt. Schon bevor überhaupt die Vorwahlen in Amerika begannen, war klar, dass jeder mögliche republikanische Präsident Bidens Ukraine-Politik revidieren würde. Selbst Joe Biden wäre nach seiner Wiederwahl, die schon vor seinem Rückzug unwahrscheinlich war, genauso wie jeder andere demokratische Präsident über kurz oder lang zu einem Kurswechsel gezwungen gewesen – angesichts der Widerstände im Kongress und mehr noch in der amerikanischen Öffentlichkeit. Amerika, gleich ob republikanisch oder demokratisch, blickt seit langem schon nach China, deshalb ist Europa vor allem als Absatzmarkt und Reservoir für Rohstoffe interessant, als Kunde und nicht als Partner. Dass Biden als traditioneller Demokrat nach dem Überfall Russlands auf die Ukraine die Reihen des Westens noch einmal zusammenzog, mag den Kreml überrascht haben. Aber ach, es war nur ein letzter transatlantischer Instinkt. Nur drei Jahre musste Putin warten, damit sein Plan aufging, der nicht allein für die Ukraine eine Katastrophe ist, sondern für unseren gesamten Kontinent.

Natürlich werden die Vereinigten Staaten auch in Zukunft mächtig sein und Einfluss haben, allein schon aufgrund ihrer technologischen Dominanz und weil neben, hinter oder sogar ungeniert vor dem Präsidenten der reichste Mann der Welt steht, der die feindliche Übernahme des Staatsapparats betreibt – ein charakterlich ebenfalls zweifelhafter, aber dabei höchst innovativer, brillanter, ja, offenbar genialer Unternehmer, ohne den eine Wiederwahl Trumps wohl tatsächlich nur ein Witz geblieben wäre beziehungsweise so unvorstellbar, wie es spätestens nach dem Kapitolsturm schien. Dass die Vorherrschaft Amerikas am Ende ist, das ist also noch keineswegs ausgemacht. Der Westen jedoch, der Westen als Zivilisation, als Wertegemeinschaft, als politisches und militärisches Bündnis, das den Europäern Sicherheit garantiert und Sehnsuchtsort ist für Menschen aus aller Welt – dieser Westen wird nicht wiederkehren, gleich, wer nach Trump regieren wird. Vielleicht werden uns noch gemeinsame Interessen zusammenhalten, aber das, was den Westen im Kern ausmachte und sich durch seine Geschichte zog, der Wissensdurst, die Offenheit, die Selbstkritik, die Spannung zwischen universalistischen demokratischen Werten und partikularistischer Realpolitik, sie begannen sich spätestens seit George W. Bushs Irakkrieg nach und nach zu verlieren. Mein Großvater, der bei Dr. Jordan an der Amerikanischen Schule in Teheran die Freiheit lernte, der iranische Premierminister Mohammad Mossadegh, die Menschen in der Ukraine, sie glaubten an den Westen, auch wenn sie enttäuscht worden sind. Aber ein Amerika, das Freiheit nicht einmal mehr verspricht, ist kein Westen mehr. Es steht in einer Reihe mit China, mit Russland oder wird sogar zu dem, was in der Sprache der amerikanischen Diplomatie früher »rogue state« hieß, ein Schurkenstaat.

Was bleibt zu tun? Experten haben ausgerechnet, dass die Staaten der Europäischen Union, wenn sie jetzt mit allen Mitteln aufrüsten würden, zehn bis fünfzehn Jahre bis zur sogenannten strategischen Autonomie benötigten, zehn bis fünfzehn Jahre, in denen Europa extrem anfällig wäre für russische

Angriffe und amerikanische Erpressungsversuche. Ich selbst bin kein Experte, auch nicht für Wirtschaft, und kann über den Preis, den unsere Gesellschaften und mehr noch künftige Generationen für die Billionen zusätzlicher Schulden zahlen werden, nur spekulieren. Eins allerdings erscheint mir offensichtlich: Wenn wir meinen, dass unsere Reaktion auf die neue Weltlage sich darin erschöpfen könnte, dass wir den Wehretat auf drei, vier oder gar fünf Prozent des Bruttoinlandsprodukts erhöhen, wiederholen wir den Fehler unserer Ukrainepolitik, nur in viel größerem Maßstab.

Es war richtig, die Ukraine militärisch zu unterstützen, und es wird in Zukunft sogar noch viel wichtiger sein. Aber zugleich hätte es einer politischen Strategie bedurft, wie der Krieg realistisch endet, bevor Amerika die Ukraine aufgibt. Es ist richtig, dass Europa jetzt in seine Verteidigungsfähigkeit investiert. Aber wichtiger als neue Waffen wären politische Strukturen, durch die es überhaupt handlungsfähig wird. Was ich über Libyen sagte – dass zwei europäische Staaten, Frankreich und Italien, verfeindete Milizen unterstützten, die sich gegenseitig bekriegen –, ist leider symptomatisch für die europäische Außenpolitik. Unsere Interessen werden wir als Franzosen oder Italiener und auch Deutsche nur vertreten können, wenn wir als Europäer geeint sind. Das Bild der Stärke, das Macron, Merz, Starmer und Tusk bei ihrem gemeinsamen Besuch in Kiew abgeben wollten, löste sich spätestens in dem Augenblick in Luft auf, als sie vor laufenden Kameras bei Onkel Sam anriefen. Putin, ich bin überzeugt, Putin hat über die Schuljungen gelacht, die sich nicht einmal auf einen Klassensprecher einigen können.

Europa war lange Zeit nichts als eine Idee, ein schöner Gedanke, der gegen Ende des 18. Jahrhunderts aufkam, als überall auf dem Kontinent der Nationalismus aufflammte, eine Utopie, der insbesondere Dichter und Denker anhingen, und wie sehr wurden sie noch in den dreißiger Jahren des 20. Jahrhunderts dafür verlacht. Die Idee nahm erst Gestalt an, als der Nationalismus den Kontinent in Flammen gesetzt hatte. Noch während des Zweiten Weltkriegs überlegten eine Handvoll zumeist französischer Politiker, aber auch die Mitglieder des Kreisauer Kreises, wie Europa politisch zu verwirklichen wäre. Sie hatten die Dichter und Denker der Aufklärung vor Augen, sie wollten tatsächlich – man kann es in ihren Tagebüchern nachlesen, die wie philosophische Traktate anmuten – nichts weniger als eine gerechte Welt. Während Deutsche und Italiener gegen Engländer, Franzosen und Sowjets kämpften, dachten Monnet und Schuman an ein vereintes Europa und sogar über Europa hinaus an Afrika, das von Armut und Kolonialismus zu befreien sei. Aber zugleich dachten sie ganz praktisch an Kohle und Stahl, an den Wohlstand, den ein geeintes Europa ermöglichen würde. Ohne dass es Nutzen brächte, das wussten sie, nur mit dem Appell an Freiheit und

Demokratie, hätte Europa keine Chance gehabt, Mehrheiten zu finden bei Wahlen. Es brauchte beides, das Visionäre und das Konkrete, sowohl die Träume der Dichter und Denker als auch den Pragmatismus der Politiker und Ökonomen, Pathos und Kleinklein, Ideale und Interessenpolitik. Es gibt keinen Ort, an dem das Große und das Kleine so zwingend zusammenkommt, wie ein Kontinent, der in Trümmern liegt. Man muss die Toten begraben, man muss die Steine wegräumen, aber man denkt auch an die Menschheit, die sich selbst so etwas antut. Aus dem größten Schrecken heraus, der je in Europa geschah, nahm Gestalt an, was sich vor zweihundert Jahren Dichter und Denker erträumt hatten und heute mit Übersetzerdienst und Gurkenkrümmungsverordnung die Europäische Union ist: das Beste, was diesem von Feindschaft und Krieg durchzogenen Kontinent je geschah. Was nach 1945 wie ein Wunder anmutete, nichts weniger als ein Wunder, dass Todfeinde sich versöhnen und Grenzen nicht mehr existieren, ist für uns eine Selbstverständlichkeit geworden.

Es ist kein Zufall, dass der Schwung der europäischen Einigung just in dem Moment erlahmte, als meine, unsere Generation die Verantwortung übernahm, die nicht mehr mit dem Blick auf Krieg, Faschismus und Holocaust politisch sozialisiert wurde wie noch die Achtundsechziger. Wir alle kennen den Daseinsgrund Europas zwar, aber wir haben ihn nicht mehr erlebt. Die Kriege auf dem Balkan und im Nahen Osten haben wir uns noch fernhalten können vom eigenen Gemüt, und selbst der Krieg in der Ukraine hat uns noch nicht so sehr wachgerüttelt, dass wir als Europäer selbständig geworden wären. Erst jetzt, da Amerika sich zurückzieht und Russland damit zum Sieg verhelfen könnte, spüren wir alle, warum es ein einiges Europa braucht. Denn wenn sich herausstellen sollte, dass sich Krieg auf unserem Kontinent wieder lohnt, ist er sehr bald auch wieder zurück bei uns. »Schaut einem Problem stets direkt in die Augen und haltet nicht nach einem Größeren wie mir Ausschau, der euch schützen könnte«, pflegte der Direktor meines Großvaters, Dr. Samuel Jordan, seinen Schülern Ende des 19. Jahrhunderts in Teheran zu sagen: »Das vermittelt eurem Widersacher nur den Eindruck, dass er mit euch anstellen kann, was er will. Erst wenn ihr allen zeigt, dass ihr auf euch selbst aufpassen könnt, werden die Feiglinge und Tyrannen von euch ablassen.«

Die notwendigen Schritte zu einer Vertiefung der europäischen Einigung werden nicht innerhalb des bestehenden institutionellen Rahmens gelingen und auch nicht gemeinsam mit jenen Mitgliedsländern, deren Regierungen erklärte Gegner Europas sind. Wir werden neue Strukturen brauchen, mit Mehrheitsentscheidungen und direkt gewählten Akteuren, und sei es in einem Europa der zwei Geschwindigkeiten, wofür kluge Europäer seit langem plädieren und für das es mit dem Euro und dem Schengenraum bereits Vorbilder gibt. Es wird weitere Bereiche geben müssen, in denen diejenigen Nationen, die wollen, so eng zusammenarbeiten können wie Staaten innerhalb einer Föderation: zwingend die Außenpolitik, aber auch Handel, Flüchtlinge, Verteidigung, Klima, Forschung, Weltraum, Industrie, Steuern, Sozialleistungen und ja, natürlich ja, mittelfristig auch eine gemeinsame Armee. Der neugewählte Bundeskanzler sollte sich daran erinnern, was sein Vorbild Konrad Adenauer als die größte Niederlage seiner langen Amtszeit bezeichnete: das Scheitern des bereits ausgehandelten Europäischen Verteidigungsbündnisses in den parlamentarischen Beratungen. Ich kann nur hoffen, dass Friedrich Merz sich im Unterschied zu seinem unmittelbaren Vorgänger als so entschiedener Europäer erweist wie Konrad Adenauer und Willy Brandt, Helmut Schmidt und Helmut Kohl. Wann hat es jemals so sehr eingeleuchtet, wann könnte man auch eher Mehrheiten davon überzeugen als heute, da nicht nur Russland und China, sondern jetzt auch Amerika die Europäer spalten und kleinhalten wollen, dass es die berühmte Telefonnummer braucht, unter der Europa zu erreichen ist. Wem das schon utopisch erscheint, der hat unsere Vergangenheit nicht studiert.

Axel Honneth
Der Standpunkt moralischen Fortschritts

Eine Verteidigung im Geiste Kants

Man ist sich heute weitgehend darüber einig, dass erst mit der Herausbildung der europäischen Moderne die Idee entstanden ist, wir sollten uns die Zukunft als Fortsetzung eines weit in die Vergangenheit zurückreichenden Prozesses des moralischen Fortschritts vorstellen; seither haben wir uns daran gewöhnt, die Weltgeschichte so zu betrachten, als habe sie zwar nicht kontinuierlich, aber doch aufs Ganze gerechnet moralische Verbesserungen mit sich gebracht, die der Verbreitung von sozialer Gerechtigkeit und individueller Freiheit dienlich waren. Gegen diese Vorstellung werden heute massive Vorbehalte geltend gemacht, die teils mit empirischen Gründen, teils aber auch mit ihrerseits wiederum moralischen Gründen gerechtfertigt werden; und man wird sich schnell eingestehen müssen, dass eine solche Skepsis angesichts der politischen Weltlage auch nicht vollkommen an den Haaren herbeigezogen ist. Wer wird infrage stellen wollen, dass die großen Hoffnungen der Jahre direkt nach den demokratischen Revolutionen im Osten Europas ebenso schnell wieder zerstoben sind, wie sie aufgekommen waren: Der weiter zunehmende Graben zwischen Arm und Reich, die neoliberale Entfesselung der Finanzmärkte, die neuentbrannten Kriege in diversen Regionen der Welt, die globale Ausbreitung diktatorischer Regime und das drohende Herannahen einer ökologischen Katastrophe, all das sind Zeichen, die statt in die Richtung eines weiteren moralischen Fortschritts in Richtung der Wiederkehr eines gesellschaftlichen Naturzustands, eines Krieges aller gegen alle weisen.

I.

Allerdings setzt die heutige Kritik nicht an diesen Regressionstendenzen der jüngsten Gegenwart an; sie greift wesentlich tiefer und behauptet, dass es nicht nur heute keinen Grund gebe, auf eine zukünftige Zunahme von Gerechtigkeit und Friedfertigkeit zu vertrauen, sondern dass es noch nie einen guten Grund dafür gegeben habe.[1] Solche prinzipiellen Vorbehalte gegen die

1 Amy Allen, *Das Ende des Fortschritts. Zur Dekolonisierung der normativen Grundlagen der kritischen Theorie*. Übersetzt von Frank Lachmann. Frankfurt: Campus 2019; Harry F. Dahms (Hrsg.), *The Challenge of Progress. Theory Between Critique and Ideology*. Bingley: Emerald Publishing 2019.

Vorstellung, die menschliche Geschichte lasse sich als ein Prozess des moralischen Fortschritts begreifen, werden gegenwärtig mit sehr unterschiedlichen Argumenten begründet.[2] Ein erster Einwand liegt auf der Hand, und er wurde auch schon lange vor der heute grassierenden Kritik vorgetragen. Er verweist auf die Tatsache, dass es regelmäßig dramatische und bis heute fortwirkende Rückschläge bei den Anstrengungen gegeben habe, den Kreis der Menschen zu erweitern, die in den Genuss moralischer Rücksichtnahme gelangen und daher als sich-selbst-bestimmende Wesen anerkannt werden sollen.

Nun verwirft diese empirische Kritik allerdings lediglich die rückwärtsgewandte Vorstellung moralischen Fortschritts; mit Blick auf die Zukunft wird ein solches Anvisieren moralischer Verbesserungen dagegen gemeinhin für nicht nur möglich, sondern häufig sogar für notwendig erachtet. Dieser Zwiespalt ergibt sich daraus, dass auch der hartgesottenste Kritiker der Idee, nach der die Vergangenheit empirisch als ein Prozess des moralischen Fortschritts betrachtet werden sollte, auf keinen Fall verhindern möchte, von heute aus Pläne für eine zukünftige Ausweitung von sozialer Gerechtigkeit und individueller Freiheit zu schmieden. In der Brust aller Verfechterinnen einer empirischen Kritik der Idee moralischen Fortschritts wohnen gewissermaßen zwei Seelen: Für die Vergangenheit wollen sie nicht annehmen müssen, dass es einen objektiv feststellbaren Fortschritt in der Beförderung des allgemeinen Wohls durch die Ausdehnung von Verhaltensnormen der moralischen Rücksichtnahme gegeben habe, für die Zukunft aber möchten

2 Dabei wird unter »Moral« in grober Übereinstimmung mit dem allgemeinen Sprachgebrauch zumeist ein System von normativen Regeln verstanden, die dazu anhalten sollen, das poröse Gewebe menschlichen Zusammenlebens dadurch zu schützen und zu stärken, dass jedem einzelnen Individuum Achtung entgegengebracht und es als ein sich-selbst-bestimmende Wesen behandelt wird. Gewiss, diese an Kant angelehnte Formulierung gibt nur eine Sicht auf die Moral wieder, aber vielleicht lässt sich sagen, dass es allgemein als Aufgabe der Moral angesehen wird, die Interessen aller Menschen mit dem Zweck der Förderung des gemeinsamen Wohls durch individuelle Rücksichtnahme auf die Freiheit jedes Andern möglichst weitgehend aufeinander abzustimmen. Von Fortschritten bei der Verwirklichung einer solchen Moral kann dementsprechend immer dann gesprochen werden, wenn ein weiteres kulturelles oder soziales Hindernis in der menschlichen Geschichte überwunden worden ist, das der universellen Befolgung dieser Pflichten zur wechselseitigen Rücksichtnahme bislang im Weg stand und daher die Beförderung des allgemeinen Wohls verhinderte. Im Folgenden werden mich die vielen Auseinandersetzungen darüber, wie ein solcher Begriff der Moral genauer gefasst und begründet werden sollte, nicht weiter interessieren; ich bin mir über diese innerphilosophischen Streitereien im Klaren, werde sie hier aber vollkommen beiseite lassen, weil mich allein die Frage beschäftigt, ob jede Vorstellung eines moralischen Fortschritts zwangsläufig in die Irre führen muss.

sie eine solche Ausdehnung gerne ins Auge gefasst wissen, weil auch sie nicht umhin können, für die bislang unterdrückten und geknechteten Menschen weltweit ein Leben in gesicherter Anerkennung ihrer individuellen Freiheit herbeizuwünschen. Diese ungelöste Spannung zwischen Vergangenheit und Zukunft, zwischen der Untersagung rückwärtsgewandter und der Erlaubnis zukunftsgerichteter Fortschrittsvorstellungen, bildet aber die Crux der empirischen Kritik an der Idee moralischen Fortschritts; denn es wird darin stets unterstellt, dass wir nur in Hinblick auf die Zukunft ein praktisches Interesse an moralischen Verbesserungen besitzen, während unsere Rückschau auf die menschliche Geschichte von allen solchen praktischen Interessen vollkommen frei sein soll. Nach meinem Dafürhalten aber ist es um das Verhältnis von Vergangenheit und Zukunft im Falle der Beteuerung eines geschichtlichen Fortschritts der Moral wesentlich komplizierter oder »dialektischer« bestellt: Das Eine, das Anvisieren moralischer Fortschritte in der Zukunft, ist ohne das Andere, die Vergegenwärtigung solcher Fortschritte in der Vergangenheit, nicht zu haben.

Mit ganz wenigen Ausnahmen, die nahezu alle dem Zeitalter der europäischen Aufklärung angehören,[3] hat sich die rückwärtsgewandte Frage nach einem möglichen Fortschritt in der Geschichte immer erst dann gestellt, wenn es in der Gegenwart unklar oder strittig war, welche Schritte zu moralischen Verbesserungen man in der Zukunft ergreifen sollte. Dabei verhält es sich ähnlich wie bei allen Lernprozessen: Man weiß zwar, dass man nur aus Fehlern lernt, aber diese wiederum erkennt man als »Fehler« nur in Erinnerung an die Vorsätze, bei deren Realisierung man zuvor gescheitert war und die entsprechenden Fehler also begangen hatte; wissen wir nicht, woran wir mit unseren Handlungsabsichten vorher gescheitert sind, werden wir auch keine Kenntnis davon besitzen, was als nächstes zur Verbesserung unserer Erfolgsaussichten zu tun ist.

Sofern dieser Vergleich stimmt, ist es aber grundsätzlich falsch, die rückwärtsgewandte Suche nach Indizien eines moralischen Fortschritts in einem empirischen, ja wissenschaftlichen Interesse begründet zu sehen; wer solchen Bemühungen vorhält, sie kümmerten sich zu wenig um die historischen Tatsachen oder widersprächen ihnen sogar an vielen Stellen, verkennt, dass sie gar

3 Zur Vorgeschichte der modernen Geschichtsphilosophie, in der moralischer Fortschritt empirisch gedacht wird, vgl. Max Horkheimer, *Anfänge der bürgerlichen Geschichtsphilosophie*. In: Ders., *Gesammelte Schriften*. Bd. 2. Frankfurt: Fischer 1972. Zur Blütephase dieser Geschichtsphilosophie in der französischen und englischen Aufklärung: Karl Löwith, *Weltgeschichte und Heilsgeschehen* [1949]. *Sämtliche Schriften*. Bd. 2. Stuttgart: Metzler 2022 (Kap. IV); Emma Rothschild, *Economic Sentiments. Adam Smith, Condorcet, and the Enlightenment*. Cambridge: Harvard University Press 2002.

nicht auf objektives, empirisch überprüfbares Wissen abzielen; ihnen geht es nicht um historische Richtigkeit, nicht um Faktenwissen, sondern um praktische Einsichten, die helfen sollen, anhand einer idealisierten Geschichte der schrittweisen Überwindung vergangener Fehler in der Auslegung der Moral eine Richtschnur für moralische Verbesserungen in der Zukunft zu gewinnen.

Halten wir also fürs Erste fest, dass die empirische Kritik an der Idee des moralischen Fortschritts deren eigentliche Absicht grundsätzlich missversteht. Schon Kant hat sich über diejenigen seiner Zeitgenossen mokiert, die voller Ernst die These vertraten, die menschliche Geschichte habe bislang faktisch eine Entwicklung hin zu mehr Gerechtigkeit, wechselseitiger Achtung und sozialer Verträglichkeit genommen;[4] und selbst Hegel, dem man gerne vorwirft, er habe in Form einer objektivistischen Teleologie von einem moralischen Fortschritt in der Geschichte sprechen wollen, war der Überzeugung, etwas Derartiges ließe sich nur aus der Perspektive einer Parteinahme für die Vernunft und daher nicht in einem vollkommen wertneutralen, szientifischen Sinn behaupten.[5] Es wäre aus der Sicht beider Philosophen abenteuerlich, angesichts der Komplexität des historischen Prozesses und seines tatsächlichen, Gräueltaten und Ungerechtigkeiten anhäufenden Verlaufs davon auszugehen, die menschliche Geschichte habe sich tatsächlich nur permanent hin zum moralisch Besseren und zu größerer Freiheit entwickelt; nach ihrer beider Überzeugung bedarf es vielmehr erst eines Perspektivenwechsels weg von der theoretischen Objektivität hin zur Parteilichkeit für die Durchsetzung des moralisch Guten, um an der menschlichen Geschichte die Zeichen und Einschnitte erkennen zu können, die uns signalisieren, dass wir dabei auf dem richtigen Weg sind. Unter Verwendung einer heute gebräuchlichen Terminologie könnte man auch sagen, dass Kants und Hegels Geschichtsphilosophien aufgrund ihres Perspektivismus eigentlich Genealogien in selbstbejahender oder rechtfertigender Absicht gewesen sind: Mit

4 Immanuel Kant, *Der Streit der Fakultäten*. Hamburg: Meiner 1975 (Zweiter Abschnitt, 1–4).

5 Im letzten Teil seiner *Enzyklopädie der philosophischen Wissenschaften* vergleicht Hegel an einer berühmten Stelle den Geschichtsphilosophen mit dem Richter: So wie dieser eine »objektive« (im Unterschied zur »subjektiven«) »Parteilichkeit« für die Sache des Rechts an den Tag legen müsse, habe der Geschichtsphilosoph bei der Betrachtung der »Weltgeschichte« eine »objektive Parteilichkeit« für die Sache der »Vernunft« walten zu lassen, die darin bestehe, jene unter dem Blickwinkel der »Befreiung des Geistes«, also der Durchsetzung von Freiheit oder als »Weg der Befreiung«, zu rekonstruieren: G. W. F. Hegel, *Enzyklopädie der philosophischen Wissenschaften, Dritter Teil*. Werke in zwanzig Bänden (Theorie-Werkausgabe), Bd. 10. Frankfurt: Suhrkamp 1970 (§ 549, § 550).

ihnen sollte versucht werden, an der historischen Vergangenheit mit all ihren Abgründen und Barbareien die sozialen Mechanismen zu rekonstruieren, die dafür gesorgt haben, dass wir vergangene Fehler in der Anwendung des moralischen Gesichtspunkts überwunden haben und uns daher heute auf dem richtigen Pfad befinden.

Um diesem Gedanken etwas von seiner Abstraktheit zu nehmen, will ich ein Beispiel aus der jüngsten Vergangenheit heranziehen. Als sich vor wenigen Jahren in vielen liberaldemokratischen Ländern die Frage stellte, ob auch homosexuellen Paaren rechtlich die Ehe erlaubt werden sollte, tat man nicht schlecht daran, zunächst einmal die Vergangenheit daraufhin zu befragen, auf welchen Wegen man überhaupt dazu gelangt war, sich dieser Aufgabenstellung heute zuzuwenden. Bei dieser historischen Rückversicherung galt es, jene wiederholten Korrekturen an den vormals jeweils herrschenden Moralauslegungen nachzuvollziehen, die nach Jahrhunderten der Tabuisierung und des Verbots homosexueller Beziehungen schrittweise dazu geführt hatten, diese zunächst wohlmeinend zu dulden, sie dann rechtlich zu erlauben, um schließlich an den Punkt zu gelangen, ihre rechtliche Gleichstellung mit heterosexuellen Beziehungen zu erwägen; die vorherigen Schritte der Revision unserer Moral hatten sich in diesem historischen Bewährungstest als so unabweisbar und folgerichtig erwiesen, dass für die Gegenwart der Schluss gezogen werden konnte, nun auch den nächsten Schritt zu wagen und homosexuellen Paaren die Erlaubnis zur standesamtlichen Verehelichung zu gewähren.[6] Diese letzte Formulierung macht zudem sehr schön deutlich, dass die Idee des moralischen Fortschritts zusätzlich auch den motivierenden Sinn besitzt, Mut zu machen, den damaligen Einsichten zu vertrauen und den an ihrer Folgerichtigkeit und Beständigkeit erkennbaren Weg beherzt fortzusetzen; nicht nur Rückversicherung, in unseren moralischen Bemühungen die richtige Richtung eingeschlagen zu haben, sondern auch Ermutigung dazu, diese in der Zukunft weiterzuverfolgen, ist Sinn und Zweck einer selbstbejahenden Genealogie unserer moralischen Vergangenheit – was kein anderer Philosoph häufiger und vehementer betont hat als Kant in seinen Entwürfen zu einer Geschichtsphilosophie in weltbürgerlicher Absicht.[7]

6 Die wiederholte »Bewährung« einer erweiternden Auslegung des Moralprinzips der gleichen Achtung in Debatten und Kontroversen über einen gewissen historischen Zeitraum hinweg ist auch das Kriterium, das Joshua Cohen verwendet, um zu erklären, worin moralischer Fortschritt besteht: Joshua Cohen, *The Arc of the Moral Universe.* In: Ders., *The Arc of the Moral Universe and Other Essays.* Cambridge / Mass.: Harvard University Press 2011.

7 Zu dieser motivierenden Seite der hypothetischen Geschichtsphilosophie Kants vgl. Axel Honneth, *Die Unhintergehbarkeit des Fortschritts. Kants Bestimmung des Verhältnisses*

II.

Allerdings ist es genau diese Position, gegen die nun eine zweite Variante der Kritik massive Einwände erhebt. Sie argumentiert normativ und verweist darauf, dass es keinen Blickwinkel geben könne, der unparteilich oder umfassend genug wäre, um bei der rückwärtsgewandten Bemessung moralischer Fortschritte die Interessen und Verletzlichkeiten aller davon betroffenen Menschen angemessen zu berücksichtigen. Mit diesem Einwand kommt die zweite, normative Partei mir zunächst auf halbem Wege entgegen: Wir stimmen darin überein, dass eine Linie des moralischen Fortschritts in der Geschichte überhaupt nur dann identifiziert werden kann, wenn zuvor eine praktische Perspektive eingenommen worden ist, aus der heraus gefragt wird, welche Anhaltspunkte in der unendlich komplexen Vergangenheit der menschlichen Geschichte uns überzeugt sein lassen, den richtigen Weg eingeschlagen zu haben – und heute also die richtigen Fragen hinsichtlich der zukünftigen Ausdeutung und Anwendung unserer moralischen Prinzipien zu stellen.

Gegen ein solches, von mir »genealogisch« genanntes Verständnis moralischen Fortschritts wendet die zweite Partei nun aber ein, dass jede Bemühung, die moralische Geschichte der Menschheit möglichst unparteilich und unvoreingenommen zu rekonstruieren, so gutwillig sie auch vorgenommen sein mag, grundsätzlich zum Scheitern verurteilt ist: An der moralischen Vergangenheit sind nämlich allein dann sogenannte »Fortschritte« auszumachen, wenn dabei ausschließlich nur die Wertungen und Überzeugungen derer zum Tragen kommen, die jeweils die Macht zu einer solchen geschichtlichen Rückversicherung besitzen. Sobald ein moralischer Fortschritt in die menschliche Geschichte hineingelesen werden soll, so das Argument, müssen aufeinanderfolgende Schritte von Verbesserungen in der moralischen Regulierung von Gesellschaften identifiziert werden können, an denen aber aus heutiger Sicht noch nicht zu erkennen ist, welche Gruppen von ihnen ausgeschlossen geblieben sind; denn wir können zwangsläufig in einem solchen Rückblick immer nur die Bedürfnisse und Belange derjenigen Menschen wahrnehmen, die uns gemäß der heute geltenden Moral als überhaupt achtenswürdig gelten. Walter Benjamin, der eine tiefe Neigung zu überspitzten Formulierungen besaß, hat den damit angemeldeten Verdacht auf die einfache Formel gebracht, dass jede Fortschrittsgeschichte nur aus der Perspektive der jeweiligen Sieger verfasst sein könne: Der Blickwinkel, den wir einnehmen müssen, um moralische

von Moral und Geschichte. In: Ders., *Pathologien der Vernunft. Geschichte und Gegenwart der Kritischen Theorie.* Frankfurt: Suhrkamp 2007.

Fortschritte in der Vergangenheit zu verbuchen, macht uns blind für das Leiden all derer, deren Interessen wir im Lichte der gegenwärtig herrschenden Ausdeutung unserer Moralprinzipien noch gar nicht wahrnehmen können.[8]

Dieser Einwand, wird er richtig formuliert, wiegt schwer. Es wird damit nicht nur einfach behauptet, dass jeder Versuch, unsere gegenwärtig für richtig gehaltene Moral durch eine Genealogie ihrer geschichtlichen Entwicklung zur Zukunft hin zu öffnen, deswegen scheitern muss, weil wir dabei von unserem heutigen moralischen Blickwinkel aus diejenigen prinzipiell noch gar nicht berücksichtigen können, die wir möglicherweise erst zukünftig in den Kreis der achtenswerten Personen einbeziehen werden; das ist sicherlich richtig und lässt sich etwa leicht daran demonstrieren, dass über einen langen Zeitraum hinweg aus der damals hegemonialen Perspektive des Westens die amerikanische Verfassung als ein Meilenstein des moralischen Fortschritts verbucht wurde, obwohl sie die zuvor brutal verletzten Rechte der bis dahin als noch nicht vollwertige Menschen anerkannten Mitglieder der eingeborenen Völker des Kontinents nicht ausdrücklich wiederherzustellen gedachte.[9] Schon dieser Vorbehalt müsste uns mithin davor warnen, in der historischen Vergangenheit allzu leichtfertig Schwellen moralischer Innovationen identifizieren zu wollen; denn es könnte sich von ihnen ja nachträglich herausstellen, dass sie jeweils nur denen tatsächlich zugutegekommen sind, die in der jeweiligen Gegenwart der moralischen Rücksichtnahme für wert befunden werden.

Aber nein, der Einwand ist noch viel stärker gemeint und besagt, dass uns in einer solchen Perspektive leicht der Fehler unterlaufen kann, im Rückblick etwas für einen Schritt hin zu moralischen Verbesserungen zu halten, von dem sich in Zukunft zeigen könnte, dass es nur um den Preis der Unterdrückung und Ausbeutung von heute moralisch noch gar nicht berücksichtigten Gruppen durchzusetzen war; in einem solchen Fall hätten wir also an unserer historischen Vergangenheit Stufen moralischer Fortschritte markiert, die zu erklimmen nur möglich war, weil unter Berufung auf diese moralischen Errungenschaften gleichzeitig viele andere Menschen unterdrückt, ausgebeutet und damit von jeder rudimentären Form der Selbstbestimmung ausgeschlossen wurden.

8 Walter Benjamin, *Über den Begriff der Geschichte*. In: Ders., *Gesammelte Schriften*. Bd. I.2. Frankfurt: Suhrkamp 1974. Benjamin spricht von der Perspektive der »Sieger« in seiner Antwort auf die selbstgestellte Frage, in wen der Historismus sich einfühlen muss, wenn er einen (moralischen) Fortschritt in der Geschichte behauptet.

9 Als einschlägige Dokumentation vgl. Donald S. Lutz (Hrsg.), *Colonial Origins of the American Constitution*. Indianapolis: Liberty Fund 1998.

Nehmen wir nur das Beispiel Kants oder Hegels, von denen ich zuvor gesagt habe, ihre Geschichtsphilosophien ließen sich womöglich als selbstbejahende Genealogien verstehen, so wird schlagend deutlich, dass ein solcher Vorwurf nicht leicht von der Hand zu weisen ist: Kant etwa hat nicht gesehen, dass sich die Ausweitung einer Achtungsmoral in Teilen Europas einem wirtschaftlichen Wohlstand und einer politischen Toleranz verdankte, die im Inneren nur durch die koloniale Ausbeutung von indigenen Völkern »dort draußen« erzielt werden konnten, deren Mitglieder aus der Warte seiner Anthropologie noch keine gleichwertige Achtung verdienten;[10] und Hegel, von all diesen eurozentrischen Blickverengungen noch viel stärker geblendet als Kant, hat den Kolonialismus sogar als Ausweg aus den wirtschaftlichen Krisen seiner Zeit empfohlen, obwohl er doch ebenfalls eine Art von universalistischer Moral der wechselseitigen Anerkennung vertreten hat.[11] All das ist mittlerweile derart hinlänglich bekannt, dass sich die Frage stellt, ob überhaupt, und wenn ja, dann warum, wir trotzdem an der praktischen Perspektive des moralischen Fortschritts festhalten sollten. Was würde es letztlich bedeuten, darauf gänzlich zu verzichten und es ohne jede genealogische Rückversicherung einer Linie moralischer Verbesserungen zu versuchen?

Eine erste Antwort darauf könnte darin bestehen, diejenigen, welche die praktisch-politische Perspektive des moralischen Fortschritts verwerfen, zurückzufragen, womit sie eigentlich ihrerseits die Behauptung von deren unvermeidlicher Einseitigkeit und Parteilichkeit begründen. Müssen sie nicht, um diese These belegen zu können, auf exakt dieselben moralischen Normen der gleichen Achtung zurückgreifen, deren Verteidigung sie der kritisierten Moralkonzeption gerade vorwerfen? Läge der Fall so einfach, so hätte sich die Kritik an solchen rechtfertigenden Genealogien schlicht eines performativen Selbstwiderspruchs schuldig gemacht: Man bezweifelt die Gültigkeit der moralischen Perspektive, die dabei eingenommen wird, muss deren grundlegendes Prinzip aber selbst in Anspruch nehmen, wenn man ihr Einseitigkeit oder Parteilichkeit bei der geschichtlichen Anwendung vorwirft.

Aber so leicht lässt sich der Einwand nicht vom Tisch wischen; denn es wird ja gar nicht unbedingt behauptet, dass die einer rechtfertigenden Genealogie zugrundeliegende Moralkonzeption parteilich ist, sondern nur, dass ihre genealogische Anwendung zwangsläufig parteilich sein muss, weil sie von

10 Statt vieler anderer Studien vgl. Huaping Lu-Adler, *Kant, Race, and Racism. Views from Somewhere*. Oxford University Press 2023.

11 Vgl. Alison Stone, *Hegel and Colonialism*. In: *Hegel Bulletin*, Nr. 41/2, 2020; Patricia Purtschert, *On the Limit of Spirit. Hegel's Racism Revisited*. In: *Philosophy & Social Criticism*, Nr. 36/9, 2010.

der jeweiligen Gegenwart aus schlechterdings gar nicht antizipieren kann, wer zukünftig noch als achtenswert oder anerkennungswürdig in die Fortschrittserzählung einbezogen werden muss. Es ist also gar keine Rede davon, dass die moralischen Normen der universellen Achtung oder Anerkennung selbst nicht begründungsfähig seien; vielmehr wird nur gesagt, dass sie nicht als Quelle einer Genealogie des moralischen Fortschritts betrachtet werden dürfen, weil ihre unparteiliche Anwendung auf die Vergangenheit prinzipiell nicht zu gewährleisten ist.

III.

Kant und Hegel waren beide der Überzeugung, dass ihre jeweiligen Ethiken der Ergänzung durch eine selbstbejahende Genealogie bedürften; diese sollte zeigen können, dass die Geschichte uns hinreichende Gründe für die Annahme liefert, moralisch den richtigen Weg eingeschlagen zu haben, und dass wir daher ein Vertrauen darauf besitzen dürfen, den begonnenen Prozess kraft unserer rationalen Kräfte fortsetzen zu können. Offenbar aber haben beide dabei übersehen, dass die von ihnen befürworteten und eigenständig begründeten Moralprinzipien ihrerseits einen Einfluss auf die geschichtliche Entwicklung nehmen könnten, der nicht nur diese Moralprinzipien selbst, sondern auch deren Genealogien einer beständigen Revision unterwerfen muss. Dieser selbsttransformative Charakter einer Moral der wechselseitigen Achtung oder Anerkennung und der damit verbundenen Perspektive auf den moralischen Fortschritt wird am deutlichsten sichtbar, wenn wir uns die Situation noch einmal vor Augen führen, in der das Verlangen nach einer geschichtlichen Rückversicherung des eigenen moralischen Standpunkts gewöhnlich überhaupt erst entsteht.

Wir fragen uns gewöhnlich, ob die von uns vertretene Moral die richtige ist und allgemeine Zustimmung finden kann, wenn wir wissen wollen, ob wir auch zukünftig unser Handeln an ihr ausrichten können. In dieser Blickrichtung auf die Zukunft steckt aber zugleich auch die Aufforderung, sich der eigenen moralischen Vergangenheit zu versichern, weil wir sicherstellen wollen, auf dem Weg zu unserer heute für richtig befundenen Moral keinen Fehler in der Anwendung ihrer Prinzipien begangen zu haben. Sind inzwischen jedoch genügend Stimmen laut geworden, die uns genau das glaubwürdig vor Augen führen, weil wir etwa bestimmte Personengruppen darin aus Gründen des Vorurteils, der Machtgier oder der Nachlässigkeit nicht einbezogen haben, so muss uns das zu einer Revision der gegenwärtig von uns vertretenen Moral in allen drei zeitlichen Richtungen zwingen: Wir kommen nicht umhin, jetzt in den Anwendungsbereich dieser Moral auch die bislang ausgeschlossenen

Gruppen einzubeziehen, wodurch sich im selben Atemzug auch der Blickwinkel verändert, aus dem wir sowohl unsere moralische Vergangenheit als auch unsere moralische Zukunft betrachten müssen; denn mit einem Mal müssen wir feststellen, dass wir dort moralische Fortschritte verbucht haben, wo im besten Fall andere davon ausgeschlossen waren, im schlimmsten Fall andere darunter gelitten haben, und müssen gleichzeitig lernen, was wir zukünftig tun sollten, um die vergangenen Fehler zu korrigieren.

Jede Moral der wechselseitigen Achtung oder Anerkennung besitzt insofern einen selbsttransformativen Charakter; und ebenso wenig, wie sich ihre Anwendungsbreite stillstellen lässt, darf auch die genealogische Perspektive nicht ein für alle Mal fixiert werden, aus der heraus wir in der Gegenwart mit dem praktischen Interesse an zukünftigen Verbesserungen festzustellen versuchen, zu welchen Fortschritten wir es in der Vergangenheit bereits gebracht haben. Kraft ihrer eigenen Prinzipien setzt eine Moral der wechselseitigen Achtung oder Anerkennung geschichtliche Prozesse in Gang, die auf sie selbst derart zurückwirken, dass sich auch die jeweilige Perspektive auf die Vergangenheit, Gegenwart und Zukunft ständig erweitert. Kant und Hegel haben den Fehler begangen, ihre selbstbejahenden Genealogien des moralischen Fortschritts gegen solche potenziellen Revisionen dauerhaft immunisieren zu wollen; beide glaubten, einen Blickwinkel zu besitzen, der es ihnen erlaubt, abschlusshaft den Pfad der moralischen Verbesserungen rekonstruieren zu können, der die moralischen Überzeugungen hervorgebracht hat, die sie für die richtigen hielten. Wäre ihnen dieser Fehler nicht unterlaufen, so hätten sie einsehen müssen, dass sich aufgrund der Rückwirkungen ihrer eigenen Moralprinzipien auf die soziale Welt iterativ auch die praktische Perspektive verändern muss, aus der heraus moralische Fortschritte in der Vergangenheit überhaupt nur wahrgenommen werden können.

Dieser Zwang zur ständigen Erweiterung des Blickwinkels, aus dem heraus wir die uns vorausgegangene Geschichte moralisch bewerten, lässt sich sehr schön an den Debatten nachvollziehen, die gegenwärtig um den Stellenwert der abolitionistischen Bewegung zur Abschaffung der Sklaverei in den USA geführt werden: Lange Zeit herrschte unter Historikern und Historikerinnen die Sichtweise vor, die führenden Vertreter des Abolitionismus seien ausschließlich von einem hehren, stark religiös motivierten Humanitarismus bewegt gewesen, als sie zu Beginn des 19. Jahrhunderts darangingen, mit Verweis auf die gottgewollte Gleichheit aller Menschen die Versklavung der aus Afrika deportierten Arbeitskräfte zu bekämpfen; nicht ohne Stolz verwies man darauf, dass es vor allem die im westlichen Europa hervorgebrachten Prinzipien der Menschenwürde und der universellen Achtung gewesen seien, die eine heterogene Gruppe von moralisch hochgestimmten Weißen in England und den USA dazu bewogen habe, sich entschieden der Sklaverei entgegenzusetzen und ihr schließlich ein Ende zu bereiten. Inzwischen aber hat sich aufgrund von neueren Forschungen und nicht zuletzt auch des Einspruchs von afroamerikanischen Intellektuellen das Blatt erheblich gewendet. Man beginnt zu verstehen, dass die Abolitionisten auch deswegen so stark daran interessiert waren, die Sklaverei abzuschaffen, weil aus ihrer Sicht »freie«, auf einem Arbeitsmarkt zu erwerbende Lohnarbeit dem Zweck einer Steigerung kapitalistischer Produktivität viel stärker dienlich sein würde.[12] Was zunächst nach einem unzweideutigen »Geschichtszeichen« (Kant) moralischen Fortschritts ausgesehen hatte, erwies sich mithin unter dem Druck weiterer Forschungen und anhaltender Zweifel als wesentlich stärker mit Bestrebungen der Ausweitung kapitalistischer Produktionsverhältnisse verquickt als ursprünglich angenommen; die Linie des moralischen Fortschritts, die man vorher ziehen zu können glaubte, hatte mit dieser Revision der traditionellen Sichtweise einen anderen Verlauf angenommen, sie wies nun viel mehr Lücken auf und hatte vor allem den Blick weg von den weißen Abolitionisten auf die Vertreter des schwarzen Widerstands gelenkt.

IV.

Nimmt man allerdings den Hinweis Benjamins auf die Deutungshoheit der Sieger in jeder Fortschrittsgeschichte ernst, so ist es mit einer solchen bloß progressiven Erweiterung der Perspektive einer selbstbejahenden Genealogie wohl noch längst nicht getan. Die Frage ist nämlich, ob sich überhaupt weiterhin von »Selbstbejahung« als dem Attribut einer solchen Genealogie sprechen lässt, sobald man eingesehen hat, dass die Anstöße zu der schrittweisen Ausdehnung der Achtungsmoral nicht ausschließlich von ihren Verfechtern stammten, sondern mindestens ebenso stark von denjenigen, die sich zuvor von dieser als noch nicht hinreichend berücksichtigt empfunden hatten. Nicht Einsicht, Überzeugung oder guter Wille, sondern Kritik, Protest und Aufbegehren waren häufig der Motor der moralischen Fortschritte, derer man sich rückblickend versichern muss, um verstehen zu können, an welchem geschichtlichen Punkt man sich gegenwärtig befindet.

Insofern wäre es aber auch irreführend, von diesem perspektivisch rekonstruierten Fortschritt einfachhin als einem »Lernprozess« zu sprechen; wenn

12 Vgl. Thomas Bender (Hrsg.), *The Antislavery Debate. Capitalism and Abolitionism as a Problem in Historical Interpretation*. Berkeley: University of California Press 1992; Lewis Perry / Michael Fellman (Hrsg.), *Antislavery Reconsidered. New Perspectives on the Abolitionists*. Baton Rouge: Louisiana State University Press 1979.

überhaupt, so war dieses »Lernen« zumeist von außen erzwungen worden, nämlich von denen angestoßen und aufgenötigt, die überzeugt waren, zu Unrecht noch nicht in den Kreis der sich wechselseitig achtenden oder anerkennenden Personen einbezogen zu sein. Und je weiter man diese Befragung der Perspektive vorantreibt, aus der heraus wir in der Gegenwart moralische Fortschritte in der Vergangenheit erschließen müssen, desto deutlicher wird, dass sie eigentlich andere Protagonisten in den Vordergrund rücken müsste als die, die darin gemeinhin die Bildfläche bestimmen; es waren nicht vorrangig moralische Ideengeber, nicht große Reformer oder innovative Weltsichten, sondern unterdrückte und misshandelte Gruppen, die in der hinter uns liegenden Zeit bewirkt haben, dass die Moral der wechselseitigen Achtung sukzessive sozial ausgedehnt und weiter generalisiert wurde.[13]

Soll eine Genealogie des moralischen Fortschritts uns darin bestärken, heute auf dem richtigen Weg zu sein und die Kraft zu weiteren Verbesserungen zu besitzen, so muss sie an exemplarischen Stationen von Menschen berichten, die aus einer subalternen Position heraus den Mut besessen haben, sich gegen Demütigung, Ausschluss und Misshandlung aufzulehnen – und erst durch diese Kämpfe erreichtet haben, dass auch sie in den Kreis der sich wechselseitig achtenden Personen einbezogen wurden. Der Standpunkt moralischen Fortschritts besteht in einer sich ständig zur Zukunft hin erweiternden Perspektive, aus der heraus mit jeder weiteren Korrektur wieder neu vermessen werden muss, was als wirklicher Anstoß und als wahrhaftiges Zeichen einer schrittweisen Universalisierung einer Moral der gleichen Achtung zu gelten hätte; was wir rückblickend als moralischen Fortschritt in der menschlichen Geschichte zu bewerten haben, wäre damit zu einer falsifizierbaren Größe geworden, die sich auf dem Weg wiederholter Widerlegungen nur allmählich in einer nicht voraussehbaren Zukunft der Wahrheit annähert.

Eine solche nicht mehr selbstbejahende, sondern selbstkritische Genealogie des moralischen Fortschritts wäre gewiss nicht mehr selbstgefällig und insofern frei von jedem moralisch auftrumpfenden Eurozentrismus; sie hätte verstanden, dass sie mit den schrittweise erzwungenen Universalisierungen ihres moralischen Gesichtspunkts gleichsam mitwandern muss und daher auch die Perspektive stets zu erweitern hat, aus der heraus moralische

13 Ich vernachlässige hier aus Platzgründen die weitere Komplikation, dass sich im Laufe solcher erzwungenen Revisionen in der Auslegung des Moralprinzips der Achtung nicht nur der Kreis der darin einzubeziehenden Personengruppen erweitert, sondern dass sich dadurch auch deren »Grammatik« verändern kann, indem etwa neue Formen der sozialen Achtung hervorgebracht werden oder nichtmenschliche Wesen berücksichtigt werden müssen.

Fortschritte in der Vergangenheit beurteilt werden: Längst wird die Durchsetzung demokratischer Staatlichkeit im Westen nicht mehr so unzweideutig als ein Schritt moralischen Fortschritts bewertet wie noch vor fünfzig Jahren, weil inzwischen eingesehen wurde, dass derselbe Staat zugleich nach außen hin brutale Gewaltmittel eingesetzt hat, um das System der kolonialen Ausbeutung von Ländern des Globalen Südens aufrechtzuerhalten; und längst haben wir uns auch daran gewöhnt, die Etablierung der bürgerlichen Kleinfamilie nicht mehr einseitig als Durchbruch hin zu freieren, von finanziellen Erwägungen emanzipierten Paarbeziehungen zu feiern, weil wir dank der feministischen Interventionen inzwischen gelernt haben, darin auch eine Institution der männlichen Gewaltausübung zu erkennen – und ganz aktuell wird uns wiederum durch den Protest queerer Aktivisten sogar vor Augen geführt, dass unsere ganze Vorstellung von Ehe und Familie auf heteronormativen Prämissen beruht, die uns in Zukunft erneut zu einer neuen Sichtweise auf unsere moralische Vergangenheit bewegen könnten.

Aus all dem ist aber nur zu folgern: Wollen wir uns heute Klarheit darüber verschaffen, wo wir in unseren moralischen Bemühungen um eine gerechtere Welt stehen und ob wir Grund haben, den eingeschlagenen Weg fortzusetzen, so bedarf es einer Genealogie moralischen Fortschritts, die sich ihres stets nur vorläufigen, permanent korrekturbedürftigen Status ständig bewusst bleibt. Das aber erfordert eine doppelte Gedankenbewegung: Einerseits sollten wir uns klarmachen, dass es keinen Grund gibt, die im letzten Jahrhundert getroffenen Entscheidungen bezüglich der moralischen Regulierung demokratischer Gesellschaften nicht weiterhin als moralische Fortschritte zu bewerten; es existiert aufgrund unserer Erfahrungen keinerlei Anlass, die Tendenzen zur Einbeziehung immer weiterer Sozialgruppen in den Kreis sich wechselseitig achtender Bürger und Bürgerinnen infrage zu stellen, weil sich diese Erweiterungen unserer Moral im Großen und Ganzen bewährt haben. Auf der anderen Seite aber hält uns eine selbstkritische Genealogie unserer moralischen Fortschritte auch stets dazu an, uns der Frage zu stellen, ob wir möglicherweise bei unseren Versuchen der Ausweitung einer Moral der wechselseitigen Achtung und der demokratischen Teilhabe die Interessen und Empfindlichkeiten einiger Sozialgruppen übersehen oder schlicht ignoriert haben; es könnte ja sein, dass uns erneut, wie häufig in der Vergangenheit, der Fehler unterlaufen ist, siegesgewiss neue Freiheiten und Rechte inthronisiert zu haben, durch die sich bestimmte, an ihren überkommenen Werten hängende Gruppen entweder überfordert oder sogar abgestoßen fühlen.[14]

14 Das behauptet etwa Arlie Russell Hochschild in ihren empirischen Studien zur Motivationslage der weißen Arbeiterschaft in den USA, die sich Trump zugewandt

„Ein Vergnügen und eine Zumutung, eine Inspiration und eine Provokation.“

– FAS

Der *MERKUR* im Abonnement

Ja, ich will den *MERKUR* abonnieren!

Jahresabo Print:
12 Ausgaben in der Printversion
152 € zzgl. Versand (D) 21,60 €; (CH) 36 CHF; (EU) 31,20 €; (übriges Ausland) 45,60 €

Jahresabo Digital:
12 Monate *MERKUR* digital:
Alle Ausgaben online und zum Download (ePub, MOBI, PDF) + freier Zugang zum Archiv mit allen Texten der Zeitschrift seit 1947.
152 €

Jahresabo Print + Digital
178 € zzgl. Versandkosten: (D) 21,60 €; (CH) 36 CHF; (EU) 31,20 €; (übriges Ausland) 45,60 €

Als Buchprämie wähle ich

- Martina Hefter
- Venki Ramakrishnan
- Peter Heather, John Rapley

Nach Ablauf eines Jahres ist das Abonnement monatlich kündbar.

Datum, Unterschrift

Wählen Sie Ihre Buchprämie

Hey guten Morgen, wie geht es dir?
Martina Hefter

Warum wir sterben
Venki Ramakrishnan

Stürzende Imperien
Peter Heather,
John Rapley

25EIN

Aboservice
+49 (0) 89 / 85 853 – 868 | klett-cotta@cover-services.de

Entgelt zahlt Empfänger

Absender

Vorname, Name

Straße und Hausnummer

PLZ und Ort

Telefon (optional für Rückrufe)

E-Mail

Deutsche Post
ANTWORT

Leserservice
Verlag Klett-Cotta
Postfach 13 63
82034 Deisenhofen

Wenn das der Fall sein sollte, wovon ich ausgehe, dann müssen wir an die historischen Punkte zurückgehen, an denen sich solche Entfremdungen und Verstörungen angesichts moralischer Erneuerungen eingestellt haben könnten; zu prüfen wäre mithin, ob sich größere, entweder religiös motivierte oder traditionell gebundene Sozialgruppen durch einige der moralischen Innovationen der letzten Jahrzehnte derart haben beunruhigen oder verstören lassen, dass sie aus Gefühlen der Machtlosigkeit heraus gegen den gesamten Prozess der Ausweitung unserer Achtungsmoral zu opponieren begannen und sich an eine »Umwertung aller Werte« gemacht haben. So viel vom Geiste Nietzsches gehört auch zu einer selbstkritischen Genealogie des moralischen Fortschritts; sie lebt zwar vom Geiste der Geschichtsphilosophie Kants, hat sich aber den Gedanken einer Dialektik der Freiheit und der Moral längst zu eigen gemacht.

haben: Arlie Russell Hochschild, *Fremd in ihrem Land. Eine Reise ins Herz der amerikanischen Rechten*. Übersetzt von Ulrike Bischoff. Frankfurt: Campus 2017; dies., *Stolen Pride. Loss, Shame, and the Rise of the Right*. New York: The New Press 2024.

Helmut Müller-Sievers / Greg Laugero

Christian Meiers »Athen« in der Ära Trump

Ein Lektüregespräch

Neben unserem gemeinsamen Studium der griechischen Grammatik und der Lektüre griechischer Philosophen und Tragiker habe ich – Literaturwissenschaftler mit lebenslangem Interesse an der *Tyrannei der Griechen über die Deutschen* (so der Titel von Eliza M. Butlers scharfsichtigem Buch aus dem Jahr 1935), seit 1986 in den USA lebend und forschend – mit Greg Laugero, einem in Englischer Literaturgeschichte promovierten Software-Unternehmer im Vorruhestand, Christian Meiers epochemachendes Buch *Athen. Ein Neubeginn der Weltgeschichte* über Anfang, Blüte und Untergang der athenischen Demokratie gelesen.[1] Wir hatten unsere Lektüre vor der Wahl im November 2024 begonnen, mussten danach aber feststellen, dass Meiers Beschreibungen und Einsichten unsere Gegenwart schmerzhaft und nahezu unheimlich berührten.

Da Greg das Buch auf Englisch las, wollte ich zunächst auf seinen Gesamteindruck zu sprechen kommen.

Fragilität

HMS: Wir haben in den letzten Jahren oft über Hegels Philosophie der Geschichte und seine Gegenspieler Marx, Lyotard und Fukuyama gesprochen. Ich maße mir nicht an, zu bestimmen, wo genau Christian Meier sich geschichtsphilosophisch verortet, doch wer 1993 in Deutschland über Aufstieg und Fall der Demokratie im Athen des 5. vorchristlichen Jahrhunderts schreibt, der fordert einen Vergleich mit seiner Gegenwart und mit anderen Geschichten der Demokratie heraus, die in der athenischen Demokratie ein frühes, aber für den Westen maßgebliches Aufblitzen der Macht rationaler Politik über das Schicksal sehen. Glaubst Du, Meiers Buch ist ein weiterer Beitrag zu dieser Triumphgeschichte? Oder wundert sich Meier über die Einzigartigkeit dieses historischen Ereignisses? Oder spürt man vielleicht schon einen Anflug von Trauer darüber, dass diese Epoche so schnell vorbeigegangen ist?

1 Christian Meier, *Athen. Ein Neubeginn der Weltgeschichte*. Berlin: Propyläen 1993. Die hier zitierte Taschenbuchausgabe erschien 1997.

GL: Wunder, Triumph, Trauer und Vergänglichkeit sind alle lesbar in diesem wunderbaren Buch. Es ist eine sehr komplexe Geschichte, und Meier war ganz offensichtlich nicht willens, diese Komplexität zu glätten. Die Lektüre während des Wahlkampfs und in den ersten Monaten der Trump-Regierung hat zunächst das Thema der Fragilität in den Vordergrund gerückt.

Ich bin politisch in den achtziger Jahren Ronald Reagans groß geworden; meinen High-School-Abschluss habe ich 1983 gemacht, das College 1987 abgeschlossen. Wir alle haben Fukuyamas Optimismus geteilt, dass nach 1989 nicht nur das Ende der Weltbedrohungen durch Kriege gekommen sei, sondern dass sich die Vereinigten Staaten diese Erleichterung auch durchaus zugutehalten konnten. Der Fall der Mauer schien uns also nicht nur das Ende des Kalten Krieges anzuzeigen, sondern das jeden Krieges, für immer. Man muss Fukuyama allerdings zugestehen, dass er die Zerbrechlichkeit dieser neuen Weltordnung früher sah als die meisten Neocons.

Meier beschreibt eben diese Zerbrechlichkeit, und heute liest sich sein *Athen*, als sei es als bewusste Mahnung geschrieben worden. Inmitten der aktuellen Zerstörung unserer republikanischen und akademischen Institutionen habe ich mich an die *Federalist Papers* (1787/88) erinnert, die geschrieben wurden, um für die Ratifizierung der Verfassung zu werben, die die viel schwächeren Konföderationsartikel von 1781 ersetzen sollte. Die Autoren sahen und fürchteten eben die Fragilität der antiken Demokratien, die auch Meier herausstellt. In *Federalist No 9* äußert sich Alexander Hamilton ganz wie Meier in seiner Einschätzung der »kleinkarierten Republiken in Griechenland und Italien«: »Wenn es bei ihnen gelegentlich Ruhe gab, dann nur als kurzfristigen Kontrast zu den wütenden Kämpfen, die darauf folgten.« Er ist sehr unnachgiebig in dieser Kritik. Die Federalists wollten das Experiment einer »republikanischen Regierung« fortsetzen und sich gleichzeitig gegen die Schwächen, die sie bei den Griechen und Römern sahen, absichern. Hamilton entwarf eine geschichtliche Perspektive, in der Institutionen gestärkt würden, die die Gewaltenteilung sichern könnten. Liest man Meier zusammen mit diesen wichtigen Essays, während um uns herum diese Institutionen zusammenbrechen oder zumindest wanken, sieht man, dass wir alle zu optimistisch waren, dass die Schwäche der institutionellen Demokratie durch die Verfassung endgültig überwunden worden sein könnte.

Zorn, Ressentiment, Demokratie

HMS: In der deutschen humanistischen Tradition, in der ich aufgewachsen bin, wurde die athenische Demokratie immer dargestellt als politischer Ausdruck des gleichen maßvollen Strebens nach Freiheit und Schönheit, das in der griechischen Architektur, in der Skulptur, Poesie und Philosophie anschaulich wird. Vor dem Hintergrund der deutschen Geschichte, so wurde uns später klar, war diese Vision selbst von der Bestrebung getrieben, Tyrannei und Oligarchie als dem griechischen Wesen fremde Tendenzen auszugrenzen. Alles, was dem ursprünglichen Durst nach Freiheit und der Liebe zur demokratischen Meinungsbildung zuwiderlief, wurde entweder in die Archaik vor dem 5. Jahrhundert vor unserer Zeit verbannt oder Außenseitern zugeschrieben, denen der griechische Geist fremd war. Meier nun benötigt so viele Seiten, um die destruktive Gewalt in den vorigen Regierungsformen darzulegen, aus denen sich die Demokratie langsam herauswindet, dass man den Eindruck gewinnt, die hohe Zeit des Perikles mit ihren radikalen demokratischen Institutionen (die allerdings Frauen, Metöken und Sklaven ausschlossen) sei eher der Erschöpfung und der Entschärfung dieser Gewalt geschuldet. Es gab einfach nicht genug Männer, deren Verlust in Fehden und Verbannungen die Polis sich hätte leisten können.

Meier zeigt ausführlich, wie die Griechen zwischen zwei Formen von Gewalt unterschieden – »gute« kollektive Gewalt, die ihren Platz auf dem Schlachtfeld hat, die sich gegen Angreifer von außen wendet und die gleichzeitig eine soziale Rangordnung herstellt, die nicht mehr nur auf dem Privileg der Geburt basiert, gleichzeitig aber immer noch extrem grausam und vor allem unbarmherzig ist, und »schlechte« individuelle oder Klan-Gewalt, die, zumal als Rache, die Selbstkonstitution des Staates verhindert. Demokratische Politik, so Meier, gibt es erst mit beziehungsweise nach der Suspension von Rache, und die wiederum impliziert die Akzeptanz von Institutionen, die über brudermörderische Gewalt reflektieren, sie abmildern oder rekodieren. Die Tragödie und die Homerischen Epen, auf denen sie basieren, sind hier ebenso wichtig wie die nichttödlichen Wettbewerbe der Athletik, des sympotischen Trinkens und der rhetorischen Debatte. Die fundamentale Neuerung der Demokratie – die Isonomie, die Übereinkunft, dass ein Gesetz, einmal erlassen, für alle gleich gilt – wurde in diesen Wettbewerben eingeübt: Sie hielten die Gewalt in Schach, die in früheren Regierungsformen das Zusammenwachsen der Polis zur selbstbewussten Einheit verhindert hatte. Diese Anfälligkeit der Demokratie für den Geist der Rache ist heute besonders schmerzhaft zu spüren.

In Meiers Darstellung ist die Demokratie also weniger eine hehre Entscheidung freier Individuen, sondern ein Mittel, Gewalt in Ehrgeiz umzumünzen und für die Polis nutzbar zu machen, zumal zu einer Zeit, da die Bedrohung durch einen vermeintlich übermächtigen externen und exotischen Feind die Einheit dieser Polis erzwang. Erst wenn die interne Form dieser – letztendlich aristokratischen – Gewalt unterdrückt und auf beratende Gremien verteilt wird, erst wenn der Ostrakismos, die Verbannung möglicher Usurpatoren, eingeführt wird, kann die Einbeziehung der gesamten Bürgerschaft (minus Frauen und Sklaven) in den Prozess der Beschlussfassung möglich werden. Es kommt mir nach der Lektüre so vor, um es noch einmal kurz zu sagen, als seien die Rekrutierung und ständige Beschäftigung der Bevölkerung, als sei der immense Aufwand an Zeit und Geld, den die Demokratie kostet, ein Mittel, um die männliche Bevölkerung von ihrer selbstzerstörerischen Gewalt abzuhalten und sie auf die halb mythische, halb imaginäre Einheit namens »Athen« einzuschwören. Sobald diese Anstrengung nachlässt, aufgrund von schwacher oder exzentrischer politischer Führung, dem Abnehmen der Bedrohung durch auswärtige Feinde, oder aufgrund von Naturkatastrophen (also genau der Trias von Entwicklungen, die uns heute begegnen), treten Gewalt und Grausamkeit wieder unverschämt auf.

GL: Es gab Momente, in denen ich das Buch aus der Hand legen musste, weil ich genau die Erschöpfung und den Schrecken empfand, von denen Du eben sprachst. Meier, das muss man ihm zugutehalten, drückt sich nicht vor der Analyse und Darstellung dieser entfesselten Gewalt. Ohne sie schlicht zu verurteilen, bewundert er die Bereitschaft der Griechen, diesem Gewaltpotenzial und dem Problem der individuellen oder kollektiven Verantwortlichkeit nachzuspüren. Sein Hauptbeispiel ist die Tragödie, doch sieht er die Homerischen Epen als frühe Stufen in diesen Abgrund. »Wie sehr haben die homerischen Helden, ihre großen Vorbilder, den Krieg verflucht – und dann notgedrungen immer wieder geführt!« Erst als ich Meier las, wurde mir klar, dass »Vorbild« nicht unbedingt im guten Sinne gemeint sein muss, dass die *Ilias* durchaus als abschreckendes Beispiel gelesen werden kann und dass die Griechen vielleicht ein viel klareres Verständnis dieser grundlegenden, ansteckenden und überall lauernden Gewalt hatten.

Meier spricht es zwar nicht direkt aus, doch das berühmte erste Wort (und das Thema) der *Ilias* ist *mēnis* (μῆνις). Es kommt allerdings in den Tragödien vor, die er ausführlich interpretiert – *Die Schutzflehenden*, *Die Choephoren* und *Die Eumeniden* von Aischylos sowie *Die Herakliden* des Euripides. In der Ilias ist *mēnis* eine reaktive Kraft, eine Manie, die Götter und Helden gleichermaßen erfasst, wann immer sie glauben, sie seien gekränkt oder beschämt worden. Sie führt dann zu wüster und wahlloser Zerstörung. Ich weiß nicht, wie das Wort ins Deutsche übersetzt wird (»Zorn« oder »Groll«, HMS); die beste Übersetzerin ins Englische, Emily Wilson, gibt es mit »cataclysmic wrath« wieder. *Mēnis* ist keine Emotion wie Ärger, kein Gefühlszustand wie Ressentiment, es ist viel eher eine Art kosmische Disposition. Für Aischylos fließt sie von den Göttern zu den Menschen; sie dominiert seine

Orestie und endet für ihn erst, wenn die Erinnyen die neuen demokratischen Institutionen akzeptieren.

Deshalb wird sie auch wieder sichtbar, als diese Institutionen zu schwächeln beginnen. Kleon, über den wir noch sprechen werden, ist nach Meier der erste postperikleische Politiker – ein Populist, der mit den Ängsten und dem überzogenen Ehrgefühl der Volksversammlung spielt, um eine gänzlich prinzipienlose politische und militärische Strategie zu verfolgen. Aristophanes und Thukydides sind schockiert von seiner Vulgarität und Ruchlosigkeit. Das ist der Zeitpunkt, an dem *mēnis* wieder ausbricht. Meier macht das deutlich an der Art und Weise, wie Kleon die Volksversammlung dazu anstachelt, die Bürger von Mytilene auszumerzen, weil sie vom Seebündnis abgefallen sind. »Als die Mytilenäer sich ergeben hatten, wurde dort beschlossen, nicht nur die Schuldigen, sondern sämtliche Männer der Stadt umzubringen, Frauen und Kinder in die Sklaverei zu verkaufen.« Selbst kühlere Köpfe konnten das Massaker nicht verhindern. Wie um zu zeigen, dass dieser Grad von Gewalt kein Einzelfall war, geschah den Bewohnern der Insel Melos ein paar Jahre später das Gleiche. Ebenso beunruhigend ist die Stelle, an der Meier beschreibt, wie Kleon auf die Kritik an diesem Massaker reagiert. »Entweder die Herrschaft müsse in aller Schärfe ausgeübt werden oder die Athener sollten sie aufgeben und künftig den Biedermann spielen.«

Hier in den USA ist es zum Gemeinplatz geworden, den Aufstieg der harten Rechten einer Spielart des Nietzscheschen Ressentiments zuzuschreiben. Fukuyama hat darüber gerade erst wieder geschrieben.[2] Selbst nach dieser Wahl erklärt er Donald Trumps Verhalten mit einer Psychologie des Ressentiments und dem Hunger nach Anerkennung. Für mich stellt sich die Frage, ob dieser Begriff hier angebracht ist, da er bei Nietzsche doch eine Rachelust beschreibt, die nicht handeln kann. Diese Unfähigkeit bohrt sich dann in das Selbst als Gift der Dekadenz. Eine ehrliche Frage an Dich, weil wir Nietzsche zusammen gelesen haben und er in Meiers Buch ständig präsent ist: Wenn Ressentiment sich plötzlich in der Kontrolle der Staatsmacht wiederfindet, ist es dann immer noch reaktives Ressentiment, oder ist es vielleicht eher *mēnis*, die sich hier ausagiert? Ich frage das auch, weil für Nietzsche (und für Scheler) Ressentiment immerhin eine Art moralischen Kompass mit sich führt, denn es schafft ja Werte, auch wenn diese Werte als Trost für die Unfähigkeit zu handeln fungieren. *Mēnis* hingegen hat keine moralischen Richtlinien und keine Werte. Das Fehlen dieser Richtlinien scheint mir zentral zu sein in Meiers Darstellung der beiden Männer, Kleon und Alkibiades, die den Kollaps

2 Francis Fukuyama, *100 Days of Ressentiment*. In: *Persuasion* vom 30. April 2025 (www.persuasion.community/p/100-days-of-ressentiment).

der demokratischen Übereinkünfte vorantreiben. In gewisser Weise bezeugt ihr Auftreten, dass die Wiederkehr unkontrollierbarer *mēnis*, wie Du sagtest, eine Folge der Erosion demokratischer Institutionen ist.

HMS: Ich glaube auch, dass der Begriff des Ressentiments in diesem Fall das Potenzial für Gewalt und Zerstörung auf ein psychologisches Drama verkürzt. Es ist sicher richtig, dass diese Gestalten sich das Ressentiment der Menge zu eigen machen, es ist auch richtig, dass die offizielle Sprachregelung immer noch die des »taking back« und »making great« ist, doch sobald sie in einer Position wirklicher Macht sind, zeigt sich, dass die Frage, die die griechische Philosophie und mehr noch ihre idealistischen Deuter bewegt hat – gibt es auf Erden ein Maß? –, keine positive Antwort findet. *Mēnis* ist immens, sie ist der Erzfeind der Isonomie, der verbindlichen Gemeinsamkeit der Konvention, auf der die griechische Demokratie beruht. Ich wundere mich oft über die Präzision, mit der Trump jedes Gesetz, jede Gepflogenheit übertritt und beschmutzt, die in Washington den Umgang mit politischen Gegnern und ausländischen Besuchern über Jahrhunderte geregelt haben. Ich dachte erst, es sei eine Art antinomischer Impuls, und bei vielen seiner Anhänger und seinen Akolythen im Kongress ist das auch sicher der Fall: Jedes Gesetz, das von Demokraten je eingebracht wurde, muss allein deswegen aufgehoben werden. Aber Trump – und das macht ihn so unfassbar – hat nie innerhalb des Gesetzes gelebt; er wird von einem brodelnden Ärger getrieben, dem sich anscheinend niemand widersetzen kann. Er selbst kennt keine Grenzen – keinen Geschmack, keinen Anstand, keine Furcht, kein Bedauern, keine Liebe.

Tragödie und Popkultur

HMS: Ein paar Worte noch zur Tragödie (Meier erwähnt den Sport nur andeutungsweise und Symposia ganz am Anfang seiner Darstellung). Als Medium, in dem der Konflikt zwischen menschlichem Willen und göttlicher Ordnung immer wieder dargestellt wird, scheint die Tragödie den Athenern eine Hintergrunderzählung geliefert zu haben, deren Reprise hieß: »und darum haben wir es besser in einer Demokratie, so schwer sie auch oft zu bewerkstelligen ist«. Wir sollten nicht vergessen, dass die tragische Katharsis kein ästhetisches Urteil war, sondern eine gelebte Erfahrung für die Bürger. Man saß zusammen über Tage und zog sich drei Tragödien pro Tag rein, im Frühling, in der Sonne, wahrscheinlich Wein trinkend: eine Art Karneval, in dem die Grenzen zwischen Darstellung und Dargestelltem, zwischen Realität und Einbildung verschmolzen. Als zentrale populäre Kunstform, so Meier, dauerte sie ungefähr einhundert Jahre – gerade so lange wie der Film, bevor er in Streamingdienste und andere nichttheatralische Medien zersplitterte.

Wenn wir nun die Tragödie als Popkultur verstehen, dann ist es interessant, dass sie ihre bindende Kraft zur Zeit des Alkibiades (450–404 vor unserer Zeit) verliert. Der überschüttet die von ihm finanzierten Produktionen mit Geld, während die Frage der Tragödie – wo kommen unsere demokratischen Gesetze her und warum sollten wir ihnen gehorchen? – in den Hintergrund trat. Alkibiades machte übrigens das Gleiche mit dem Sport, indem er im Wagenrennen gleich drei verschiedene Teams bei den Olympischen Spielen aufstellte und die Konkurrenz einfach wegdrückte. Wir wissen, was er der sympotischen Kultur antut – zumindest in Platons Augen. Meier macht keinen Hehl daraus, dass der atemberaubende Opportunismus und die Demagogie des Alkibiades mit dieser Verachtung der bindenden Kraft der populären Kultur zu tun haben.

Ich denke, die meisten Experten kommen darin überein, dass der Film eine enorm wichtige, vielleicht einzigartige Rolle dabei spielte, dem Westen eine wie auch immer zerklüftete Geschichte bereitzustellen, die die internen und externen Katastrophen und Traumata der Vereinigten Staaten und Europas artikulierte und somit einen Weg wies, mit ihnen irgendwie zu Rande zu kommen. Musik vom Rock and Roll zum Hip-Hop, Fernsehserien und zu einem geringeren Grade Sport und Literatur waren alle Teil dieser Geschichte. An der letzten Wahl fiel auf, dass die Popkultur sich völlig vom Wahlverhalten losgelöst hat. Selbst die Republikaner fürchteten, dass Taylor Swifts politisches Bekenntnis die Wahl beeinflussen könnte. Sie und Bruce Springsteen, dessen Konzerte als kathartische Ereignisse konzipiert sind, sprachen sich für Kamala Harris aus – und nichts änderte sich. Es ist sicher mittlerweile so, dass Leute selig zu Springsteens oder Swifts Musik tanzen und dennoch für Trump stimmen; vielleicht ärgern sie sich ein bisschen, dass der Boss so viele Videos mit Obama dreht.

GL: Für diesen Verlust der Bindekraft von Kultur gibt es strukturelle Gründe, und auch hier ist die Lektüre von Meier sehr erhellend. Heutzutage hätte es jede Erzählung, die uns vereinen könnte, schwer, überhaupt durchzudringen. Nachrichten und Kommentare, die solche Erzählungen verbreiten könnten, muss ich mit gezieltem Interesse aufspüren unter all den Informationsangeboten, die mir zu Verfügung stehen. Wir sind nicht nur politisch gespalten, wir sind gespalten in die, die sich für Politik interessieren, und die, die das nicht tun. Diese Dissoziation hat lange vor den digitalen Medien angefangen. Schon das Kabelfernsehen in den 80er Jahren – MTV für die Musik, ESPN für Sport, CNN für Nachrichten, Nickelodeon für Kinder – suchte sich seine

Kundschaft wie heute Facebook, Instagram und TikTok. Dadurch wird aus der differenzierten Nachrichtenlandschaft eine einzige flache See, auf der subjektive Bedürfnisse auf Algorithmen treffen.

Meier erzählt eine ähnliche Geschichte vom Übergang von Perikles zu Kleon und Alkibiades. Bevor diese beiden die Politik zu dominieren begannen, waren Wörter wie *isonomia* (Gleichgesetzlichkeit), *autarkia* (Selbstbeherrschung), *eunomia* (Wohlgesetzlichkeit) und *sophrosyne* (Bedächtigkeit) nicht nur – wie dann für Alkibiades –, Spielbälle in abstrakten Debatten, sondern Themen in Tragödien und in Symposien. Denn es galt, die Bürger auf die Polis hin zu orientieren. Weil es keine staatliche Bürokratie im eigentlichen Sinn gab, mussten sich die Bürger an andere Bürger wenden, um die je einzelnen Fälle auszuhandeln. Meier schätzt, dass von den sechzehntausend Bürgern Athens etwa neuntausend vollzeitlich (und bezahlt) an den Regierungsgeschäften teilnahmen. Demokratie ist, in den Worten des amerikanischen Philosophen John Dewey, eine Lebensform. Wenn nun also Meier den Übergang von Perikles zu Alkibiades beschreibt, dann hebt er auf die gleiche Dynamik der medialen Verflachung ab, die die Wendung der Bürger zueinander durch die Agonistik der Meinungen ersetzt: »Er [Alkibiades] trieb dies alles eher als geistigen Sport, als daß er dadurch zu handfesten, brauchbaren, vernünftigen Urteilen geführt worden wäre – oder gar seinen Charakter gebildet hätte.« Die tiefe Verpflichtung der Bürger auf ihre Polis, die die Zeit von Solon bis Perikles ausmachte, verflachte zum Wettbewerb um Aufmerksamkeit.

HMS: Ich möchte auf zwei Aspekte der griechischen Demokratie zurückkommen, die mich in Meiers Buch doch überrascht haben. Den einen hast Du schon angesprochen, die ungeheuer hohe Beteiligung der Bürger am Geschäft der Polis, wo sie unter anderem die Vollversammlung einberufen und leiten, Berufungen bearbeiten und die Berechtigung von Klagen jeweils ad hoc beurteilen mussten, da die Griechen keine kodifizierte Rechtsprechung (und keine Rechtsphilosophie) entwickelt haben. Weil die Präsenz der Sklaven den jungen Männern jegliche Erfahrung von Arbeit verwehrte, scheinen sie ihren Ehrgeiz in diese Fora eingebracht und, trainiert von Sophisten, eine Art von »wired culture« entwickelt zu haben, die sich langsam von der tagtäglichen Mühsal des Regierens abwendete und Intrigen, Cleverness und Provokation als Mittel der Anerkennung wiederentdeckte. Meier konnte das 1993 nicht wissen, aber was er beschreibt, trägt alle Anzeichen der Aufmerksamkeitsökonomie, die unseren gegenwärtigen Diskurs so verzerrt. Das bringt mich zu meinem zweiten Punkt: Diese hochvernetzte Öffentlichkeit wendet sich, sobald die strenge Figur des Perikles verschwindet, Persönlichkeiten zu, die in unseren Augen geradezu spektakulär ungeeignet sind, eine so labile Einheit wie die athenische Polis zu führen, insbesondere da sie im Vorfeld des Peloponnesischen Krieges äußerst delikate diplomatische und militärische Operationen durchzuführen hatte. Die erste ist ein Politiker, den wir schon mehrmals erwähnt haben, Kleon, »eine starke, rücksichtlose, wohl auch unbeherrschte Natur [...] Wie immer es um seine Erziehung bestellt gewesen sein mag, jedenfalls trat er bewußt ordinär auf, voller Verachtung für alle Bildung [...] er überschritt Grenzen, die Perikles und seine Zeitgenossen noch eingehalten hatten. Und er machte das vermutlich ganz bewußt. Er wollte sich mit dem Volk gemein machen.« Was hier so erstaunt, ist, dass diese Demokratie, die eben mit so viel Mühen, Scharfsinn und Tapferkeit ihre äußeren Feinde abgewehrt hatte und diesen Tugenden Monumente und Tempel in der ganzen Stadt gewidmet hatte, nun einen Mann an die Spitze ruft, der dieser Kultur in allem widersprach. Und was soll man über die Tugenden eines Mannes wie Alkibiades sagen?

GL: Alkibiades ist eine Figur, die direkt ins Heute gesprungen zu sein scheint! Für mich gehörten diese Seiten in Meiers Buch zu den verstörendsten der ganzen Lektüre. Er beginnt die Erzählung der Alkibiades-Jahre mit der ätzenden Bemerkung: »In dieser schwierigen Situation könnte es sich wirklich einmal – und zunehmend – bemerkbar gemacht haben, daß es eine große Menge kleiner Leute war, die in Athen die Politik bestimmte [...] Mit einem modernen Begriff könnte man fragen, ob in dieser Demokratie die ›Rückkopplung‹ noch funktionierte, ob sie noch jene Fähigkeit besaß, auf sich wandelnde Herausforderungen mit Lernprozessen zu reagieren.« Für Athen hieß das: die Unhaltbarkeit des Nikiasfriedens und des instabilen Netzes von Geheim- und Unterverträgen. Für uns: Klimawandel, Gesundheitsreform, China, unser Verhältnis zu Russland und zur NATO. Damals wie heute kamen inmitten dieser Herausforderungen junge Männer zur Macht, für die der Wert der Fakten sophistisch aufgeweicht wurde. »Die einfachen Wahrheiten stimmten nicht mehr [...] Ob die Demokratie das Richtige war, konnte durchaus bezweifelt werden.« »So hatte die, wenn man so sagen darf, hemmungslose Zuversicht, genauer, die Unverfrorenheit, der versucherische Appell an die Größe der Stadt und ihrer Potenzen [...] von Männern wie Kleon die besten Chancen.« Was sie anzubieten hatten, war allein die Illusion weiteren Fortschritts. Mir ist es beim Lesen kalt den Rücken heruntergelaufen.

Denn das ist ja genau die Art, wie MAGA die Erlösung Amerikas predigt. Der Weg nach vorne ist die Rückwärtsbewegung in eine imaginierte Vergangenheit, die von den Hauptideologen nicht verstanden wird oder nicht verstanden werden will. Dies geht weit über einen Schlachtruf für die Anhängerschaft hinaus. Sobald Geschichte als fortschreitender Sündenfall verstanden wird, müssen alle Kräfte, die vermeintlich diesen Fall verursacht haben, beseitigt werden – der Sozialstaat mitsamt aller Gesetze, die je von Demokraten erlassen worden sind. In der Sprache der Tragödie: Prometheus muss entfesselt werden, um die Polis / Nation wieder groß zu machen. Das gewährt diesen übergroßen Typen mit ihren prometheischen Versprechen Einlass. Und in der Tat, Kleon und Alkibiades mögen anfangs wie Prometheus aussehen, bis sie auf einer Welle von *mēnis* fortgetragen werden und mit äußerstem Zerstörungswillen ihre Privatinteressen durchsetzen. »Ähnlich wie Perikles berief er sich auf den Glanz, welcher unter den Zeitgenossen Neid, für die Zukunft aber Ruhm einbringe. Nur daß Perikles dabei an Athen dachte, Alkibiades an sich selbst.« Meier bezieht sich auf die tragische Kultur, um deutlich zu machen, was Athen mit Alkibiades verlorengegangen ist: »Keine Spur mehr von dem Bewußtsein, daß Macht, wenn sie von Dauer sein sollte, Grenzen brauchte, wie es einst Aischylos im Prometheus gezeigt hatte.«

Unsere jetzige Öffentlichkeit ist für Kleon- und Alkibiades-Typen wie Trump oder Musk wie gemacht. Sie wissen, wie man Aufmerksamkeit auf sich zieht. Eines der Probleme von Kamala Harris war, dass sie ihre Auftritte in den sozialen Medien Mitarbeitern übertragen hat, während Trump und Musk sich immer in ihrer eigenen Sprache meldeten. Geradezu grotesk anschaulich für dieses Spiel um die Aufmerksamkeit ist die Anekdote, die Meier über Alkibiades erzählt: Er kauft sich einen ungeheuer teuren Hund, nur um ihm dann den Schwanz abzuschneiden – weil dann die Leute über ihn reden.

Schwindendes Reich, Exzeptionalismus, Zynismus

HMS: Ein entscheidender Faktor in Athens Aufstieg und Fall als Demokratie war seine Rolle als führende Kolonialmacht im östlichen Mittelmeer. Zu Beginn, so zeigt Meier, scheint diese Entwicklung von zwei verknüpften Zielen bestimmt zu sein: das Persische Reich zurückzudrängen und gleichzeitig an der ionischen Küste Demokratien zu installieren, die bei dieser Einhegung mithelfen konnten. Nach den enormen Erfolgen in Marathon und Salamis – mit deren Beschreibung Meiers Buch so furios beginnt – wird die Führung dieser Allianz immer schwieriger, obwohl Athen deren Rückhalt braucht, um seine Handelsrouten zu schützen. Immer wieder wird deutlich, etwa bei der Beschreibung, was es kostet, auch nur ein Schiff auszustatten und über Hunderte von Seemeilen zu rudern, dass die Erhaltung der demokratischen Polis das Äußerste an Einsatz von ihren Bürgern erforderte – nicht nur in der Verwaltung, sondern auch im ständigen Kriegsgeplänkel. Sobald das Persische Reich besiegt oder zumindest zurückgedrängt ist und die Polis von Populisten wie Kleon geführt wird, entstehen Probleme, die uns nur allzu bekannt sind: Athen beklagt sich, dass die Alliierten nicht genug Geld zur gemeinsamen Verteidigung beitragen, dass sie nicht genug Dankbarkeit zeigen, dass die Artikel der Allianz neu verhandelt werden sollen. Es sind die Tech Bros um Alkibiades, die am weitesten gehen und alte Bündnisse aufs Spiel setzen: Die Sizilienexpedition hat alle Anzeichen einer *DOGE*-Unternehmung – unzureichendes Verständnis der Daten, schlechte Vorbereitung, Feigheit, wo Verantwortung gefragt ist, völlige Missachtung menschlichen Lebens, absolute Illoyalität, wenn die Ergebnisse nicht den Erwartungen entsprechen.

GL: Die Expedition nach Sizilien hat mich an den Vietnamkrieg erinnert. Bei Netflix gibt es gerade einen ausgezeichneten Dokumentarfilm, *Turning Point*, der sehr überzeugend zeigt, dass die gegenwärtige Malaise der politischen Kultur in den USA – Zynismus, Polarisierung, Misstrauen in große Regierungsprojekte – in diesen Jahren entstanden ist. Unser Zynismus wurde genährt von der wachsenden Einsicht, dass die Regierung wusste, dieser Krieg war nicht zu gewinnen, während sie ihn gleichzeitig mit einer Kühnheit verteidigte, die sich auf die amerikanische Tapferkeit in den Weltkriegen bezog. Dieser Krieg wirft, wie die Sizilienexpedition, einen langen Schatten

DOGE operiert in diesem dunklen Schatten. Damit meine ich nicht, dass *DOGE* kriegslüstern ist – wem es um die Eroberung des Raumes geht, der hält sich nicht mit den Unwägbarkeiten eines Territoriums auf. Ich meine, dass *DOGE* jegliche moralischen Bedenken beiseite wischt, die man selbst noch bei den Architekten des Vietnamkriegs, wie McNamara und Westmoreland, spüren konnte. *DOGE* misstraut der Regierung so grundlegend, dass Musk und seine Gehilfen sich um Daten, Bedenken oder Verantwortung einfach nicht scheren. Es ist mittlerweile klar, dass das Unternehmen *DOGE* gescheitert ist und dass der Anführer, zumindest für den Moment, zu den Spartanern gewechselt ist.

Wir sollten noch ein paar Gedanken zum amerikanischen Exzeptionalismus anhängen – der Überzeugung, dass die Vereinigten Staaten, weil sie sich selbst eine demokratische Verfassung gegeben haben, zu einer Sonderrolle in der Geschichte prädestiniert sind. Ich bin auf dem Land aufgewachsen. Die triumphale Version des US-Exzeptionalismus war Teil meines Lebens – das Treuegelöbnis zu Beginn jedes Schultags und die ständige Ermahnung, dass wir in Amerika, anders als in Russland, werden konnten, was wir wollten. In meiner Umgebung lebten vor allem portugiesische und italienische Familien, die sich mit dem Anbau von Mandeln, Pfirsichen und Weintrauben ein gutes Leben erarbeitet hatten. Der Exzeptionalismus war die politische Grundstimmung meiner Jugend, er vermittelte mir und meinen Freunden das Gefühl, dass letztlich die USA eine Kraft für das Gute in der Welt waren.

Ihre Entsprechung hat diese Überzeugung in der berühmten Leichenrede des Perikles, die Thukydides wiedergibt und die bei Meier den Hintergrund für das »griechische Wunder« abgibt. Hier wie dort geht es um die geschichtliche Ausnahmestellung, die Autarkie, Autochthonie und Autonomie einer Gemeinschaft gewähren, egal ob die Tatsachen (Sklaverei und Einwanderung, zum Beispiel) dieser Fantasie widersprechen oder nicht. Die demokratischen Institutionen, soweit es sie gab, waren Ausdruck dieser gesegneten Ausnahmestellung. Je weiter wir in Meiers Buch lesen, desto deutlicher wird es, dass die Demokratie in Athen das Resultat historischer Kontingenzen war, deren sich heroische Gründer wie Solon, Kleisthenes oder Themistokles kreativ annahmen. Diese Erkenntnis ist im Grunde eine Erleichterung für mich – so schmeichelnd die Vorstellung, Bürger eines »guten Reiches« zu sein, auch sein mag (bei aller Anerkenntnis der schmutzigen Geschäfte der CIA), so ist es doch besser, zu wissen, dass es diese Güte nicht oder immer nur als zwielichtige gibt.

HMS: Ganz zum Schluss will ich noch etwas zu bedenken geben, das sich vielleicht nicht in Kürze oder vielleicht gar nicht beantworten lässt. Wenn wir hier Parallelen ziehen zwischen dem antiken Griechenland und unserer Gegenwart, muss diesem Verfahren ja eine Art von Berechtigung zu Grunde liegen, zumindest eine Reflexion darüber, wie man mit dem Phänomen der Wiederholung in der Geschichte umgeht. Es gibt ja andere Epochen, auf die im Zusammenhang mit der Machtübernahme Trumps immer wieder Bezug genommen wird: das Ende des römischen Reiches, der Beginn des Absolutismus unter Ludwig XIV., natürlich die Weimarer Republik sowie der Zusammenbruch der Sowjetunion und die Ausschlachtung der Staatsvermögen und des Regierungsapparats durch die Oligarchen. Wie würdest Du diesen Fragen nach der Berechtigung des Vergleichens begegnen?

GL: Nun zunächst einmal ganz empirisch: Wir haben dieses Buch zu dieser Zeit gelesen, und weil wir alle von den Ereignissen traumatisiert sind, haben sich bei der Lektüre eben diese Parallelen aufgetan. Wir haben ja auch nicht aktiv verglichen, sondern auf Ähnlichkeiten hingewiesen, die sich erst jetzt zeigen – etwa die zwischen Kleon und Trump, die natürlich nur einen kleinen Bereich der Überschneidung betrifft. Zweitens geht es ja um den Untergang beziehungsweise die Bedrohung einer Demokratie. Über die Weimarer Republik ist wahrlich genug geschrieben worden, wobei der gravierende Unterschied der ist, dass sich im Fall der USA eine unangefochtene Weltmacht Schritt für Schritt selbst zerlegt. Letztlich würde ich mich aber auf die Position des Philosophen zurückziehen, der Meier eindeutig am nächsten ist, nämlich Friedrich Nietzsche. Wenn man Nietzsches These von der Ewigen Wiederkunft des Gleichen einmal ganz unmetaphysisch nimmt, dann besagt sie ja eigentlich nur, dass alle Bedingungen, unter denen etwas geschehen kann, nicht in der Vergangenheit verborgen oder in der Zukunft unausgemacht, sondern immer »da« sind, und dass ähnliche Bedingungen ähnliche Resultate (und im unwahrscheinlichen Fall: gleiche Bedingungen gleiche Resultate) haben. Meier gebraucht häufig den Begriff »Konstellationen«, um solche Bedingungsgeflechte zu charakterisieren. Man braucht also keine Geschichtsphilosophie, sondern nur eine gehörige Portion radikalen Empirismus, um zu erklären, warum uns die Lektüre von Meiers Buch so ergriffen hat.

Aus dem Englischen von Helmut Müller-Sievers

Rechtskolumne

Die Kosten zweckwidrigen Rechts am Beispiel des WissZeitVG

Von Marietta Auer

Die Rechtsidee, lehrt Gustav Radbruch, Rechtsphilosoph, sozialdemokratischer Justizminister und unbestechliches Rechtsgewissen der Weimarer Republik, umfasst drei Elemente: Rechtssicherheit, Zweckmäßigkeit und Gerechtigkeit.[1] Recht soll nicht nur berechenbar und gerecht sein, sondern auch nachvollziehbaren Zwecken dienen und diese wiederum in einer nachvollziehbaren Weise umsetzen. Unzweckmäßiges Recht, so kann man Radbruch lesen, ist dem Gedanken der Rechtsstaatlichkeit mindestens genauso abträglich wie ungerechtes oder rechtsunsicheres Recht. Ein an Rechtsbefolgung statt Rechtsumgehung interessierter Gesetzgeber sollte zweckwidriges Recht daher tunlichst vermeiden. Wo aber gibt es denn so etwas? Hier soll es nicht um die krassen Fälle aus der Vergangenheit gehen, bei denen zweckwidriges Recht teilweise sogar absichtlich eingesetzt wurde, um Rechtsgestaltungen zu unterbinden und gesellschaftliche Anliegen zu behindern. Ein Beispiel wäre etwa die heute längst erledigte, bewusst zweckwidrige Verweisung des nichtrechtsfähigen Vereins durch das BGB von 1900 auf das Recht der Personengesellschaft. Durch diese Verweisung auf ein für Vereine sachlich nicht passendes Recht sollten politisch unliebsame Vereine wie namentlich Gewerkschaften bestraft werden, die sich nicht dem repressiven Vereinsrecht des Kaiserreichs unterwerfen wollten.[2]

Unterstellen wir also, dass diese Zeiten vorbei sind und der gegenwärtige Gesetzgeber jedenfalls nicht mehr bewusst und absichtlich zweckwidriges Recht setzen will. Selbst dann ist aber, und davon soll diese Kolumne handeln, das Problem zweckwidrigen Rechts mitnichten obsolet, und wer nun denkt »besser ein zweckwidriges als gar kein Recht«, liegt falsch. Denn auch unabsichtlich, ja sogar mit den besten Absichten in die Welt gesetztes zweckwidriges Recht ist zweckwidriges Recht und verursacht Kosten in Form von vereitelten Gestaltungsmöglichkeiten und Lebensentwürfen, von teuren und sozial selektiven Umgehungsmodellen, von jahrzehntelang nicht zur Ruhe kommenden Reformdiskussionen, in denen sich immer wieder neue Kohorten von Juristen am einmal eingetretenen und dann kaum noch zu beseitigenden Rechtsverwirrungsschaden abarbeiten. Von all diesen, von den Betroffenen meist stillschweigend getragenen und in keiner Statistik auftauchenden Kos-

1 Gustav Radbruch, *Rechtsphilosophie*. 3. Aufl. Leipzig: Quelle & Meyer 1932 (§ 9).

2 Inzwischen ist der nichtrechtsfähige Verein obsolet. Die betreffende Regelung in § 54 BGB wurde 2021 durch das Gesetz zur Modernisierung des Personengesellschaftsrechts (MoPeG) grundlegend neu gefasst. Zur Historie Martin Schöpflin in: *Beck'scher Online-Kommentar BGB*, 74. Ed. vom 1. Mai 2025, § 54 BGB Rn. 1–3.

ten soll hier die Rede sein. Wenn es in Gesetzesbegründungen wie üblich am Ende heißt: »Sonstige Kosten: Keine«, sind es diese Kosten, die nicht mitberücksichtigt sind – und zugleich sind es diese nirgendwo aufgeführten Kosten, die zweckwidriges Recht gesamtgesellschaftlich teuer machen.

Um die Kosten zweckwidrigen Rechts soll es im Folgenden gehen, und zwar – auch in dieser Kolumne nicht zum ersten Mal – am Beispiel der Dauerbaustelle Wissenschaftszeitvertragsgesetz.[3] Für alle, die die zäh-lebhafte Diskussion der vergangenen Jahre nicht mitverfolgt haben, seien kurz die Eckpunkte referiert: Das Wissenschaftszeitvertragsgesetz, kurz WissZeitVG, in Kraft getreten am 18. April 2007,[4] seitdem mehrfach geändert, gewährleistet ein Sonderbefristungsrecht für das wissenschaftliche und künstlerische Personal an Hochschulen und Forschungseinrichtungen. Danach ist es zulässig, Arbeitsverträge mit den betreffenden Personen grundsätzlich bis zu sechs Jahre vor der Promotion und weitere sechs Jahre nach der Promotion sachgrundlos zu befristen, wenn – so heißt es in § 2 Abs. 1 WissZeitVG – »die befristete Beschäftigung zur Förderung der eigenen wissenschaftlichen oder künstlerischen Qualifizierung erfolgt«.

Das allgemeine Befristungsrecht des § 14 Abs. 2 des Teilzeit- und Befristungsgesetzes (TzBfG) lässt dagegen die sachgrundlose Befristung eines Arbeitsverhältnisses grundsätzlich nur bis zur Dauer von zwei Jahren zu. Auf den ersten Blick sieht es also so aus, als hätte das WissZeitVG für Arbeitsverhältnisse in der Wissenschaft einen zusätzlichen Spielraum geschaffen, der den Besonderheiten wissenschaftlicher Qualifikationswege Rechnung trägt. Man promoviert und habilitiert eben typischerweise nur für eine begrenzte Zeit und sollte danach ohnehin die Universität wechseln. Seit es Wissenschaft gibt, gibt es auch Strukturen, die das verhängnisvolle Im-eigenen-Saft-Schmoren der immergleichen Lehrer- und Schülergemeinschaften an derselben Universität verhindern sollen. Dazu gehören Hausberufungsverbote ebenso wie überörtliche Ausschreibungen und Bestenauslesen. Florierende Universitäten beziehen ihre Innovationskraft eben typischerweise nicht aus lokal rekrutiertem und dann nie wieder verjüngtem Personal, sondern daraus, immer wieder neue Talente mit neuen Ideen anzuziehen – eigentlich also eine sinnvolle Idee.

Auf der aktuellen Homepage des Bundesministeriums für Forschung, Technologie und Raumfahrt wird diese Idee indessen unter dem Symbol einer Rakete zu einem »Rotationsprinzip« verkürzt und als eine Art akademischer Generationenvertrag verkauft: Es gelte, mittels des WissZeitVG »die Chancen junger Wissenschaftlerinnen und Wissenschaftler jeder Generation zu wahren, für eine begrenzte Zeit im Hochschul- oder Forschungsbereich tätig zu sein (Rotationsprinzip)«.[5]

3 Vgl. Florian Meinel, *Rechtskolumne. Wissenschaft als Beruf.* In: *Merkur,* Nr. 904, September 2024.

4 Gesetz zur Änderung arbeitsrechtlicher Vorschriften in der Wissenschaft vom 12. April 2007; BGBl. I 2007, Nr. 13 vom 17. April 2007, S. 506. Alle Gesetzgebungsmaterialien unter: https://dip.bundestag.de/vorgang/gesetz-zur-%C3%A4nderung-arbeitsrechtlicher-vorschriften-in-der-wissenschaft-g-sig-16019305/7483

5 www.bmbf.de/DE/Forschung/Wissenschaftssystem/WissenschaftlicheKarriere/Wissenschaftszeitvertragsgesetz/wissenschaftszeitvertragsgesetz.html?

Spöttische Kommentare in den sozialen Medien ließen nicht lange auf sich warten.[6] Zu frisch die Erinnerung an den ganz ähnlichen Anlass, an dem sich 2021 unter dem Hashtag #IchbinHanna die Empörung zahlreicher Nachwuchswissenschaftler entzündet hatte. Damals ging es um ein Imagevideo desselben Ministeriums, in dem anhand einer fiktiven Nachwuchswissenschaftlerin namens Hanna die Wirkweise des WissZeitVG erläutert wurde. Das originale Video ist längst von der Homepage des Ministeriums verschwunden, aber das Internet vergisst ja nichts. Ab Minute 1:00 des 2:23 Minuten langen Werbefilmchens heißt es dort: »Damit auch nachrückende Wissenschaftlerinnen und Wissenschaftler die Chance auf den Erwerb dieser Qualifizierungen haben *und nicht eine Generation alle Stellen verstopft*, dürfen Hochschulen und Forschungseinrichtungen befristete Verträge nach den besonderen Regeln des WissZeitVG abschließen. So kommt es zu Fluktuation, und die fördert die Innovationskraft.« Das von den Akteuren von #IchbinHanna zu Recht als respektlos, ja menschenverachtend empfundene Wort »verstopft« fällt bei Minute 1:09. Dass an dem problematischen Diskurs der »Rotation«, der »Fluktuation« in der ministerialen Wissenschaftskommunikation bis heute ostentativ festgehalten wird, ist wohl nur dadurch zu erklären, dass dieser tatsächlich den Segen des Bundesverfassungsgerichts trägt.[7]

Aber was ist denn nun dran an der Kritik von #IchbinHanna?[8] Die Autorin dieser Kolumne hat das Problem aus ihrer Sicht schon einmal beschrieben, daraus allerdings durchaus gegenteilige Folgerungen gezogen:[9] Die vom WissZeitVG aufgestellten Höchstfristen sind nicht zu lang, sondern zu kurz, um sich wissenschaftlich zu entfalten, und sie bestrafen ausgerechnet diejenigen Nachwuchswissenschaftler, die mehr wollen und können als Malen nach Zahlen. Wo bleibt der Raum für das, was Wissenschaft als Beruf, als Lebensprojekt erst motivierend, spannend, lebenserfüllend macht, nämlich für die Expeditionen in fremde Wissenschaftswelten, die ungeplanten Umwege, die wahrhaft originellen Entdeckungen, die sich in keiner Zielvereinbarung ansteuern lassen und die vor allem eines brauchen: Zeit, Zeit und nochmal Zeit? Prekär war die Qualifikationszeit dieser Autorin nicht aufgrund befristeter

6 @amreibahr.bsky.social, Skeet vom 6. Februar 2025: »So ist es, liebes BMFTR: Die Chancen sind für jede Generation vergleichbar schlecht! 12 Jahre prekäre Beschäftigung & anschließend fliegen die nicht mehr ganz so jungen Wissenschaftler_innen ins Weltall ... ah Moment ... doch nicht ... sie fliegen: RAUS! Das sind Chancen!« (bsky.app/profile/amreibahr.bsky.social/post/3lquxrqsak22k).

7 BVerfG, Beschluss vom 24. April 1996, BVerfGE 94, 268, 286. Zu hinterfragen wäre das etwa unter dem Aspekt der Selbstzweckformel des kategorischen Imperativs: Handle so, dass du die Menschheit, sowohl in deiner Person, als in der Person eines jeden Andern, jederzeit zugleich als Zweck, niemals bloß als Mittel brauchst.

8 Amrei Bahr / Kristin Eichhorn / Sebastian Kubon, *#IchBinHanna. Prekäre Wissenschaft in Deutschland*. Berlin: Suhrkamp 2022; davor bereits dies., *#95vsWissZeitVG. Prekäre Arbeit in der deutschen Wissenschaft*. Marburg: Büchner 2021.

9 Marietta Auer, *Weg mit der Höchstbefristung!* In: *FAZ* vom 28. März 2023 (www.faz.net/aktuell/feuilleton/debatten/wissenschaftszeitvertragsgesetz-hoechstbefristung-schadet-dem-system-18779879.html).

Beschäftigungsverhältnisse, sondern nur aus einem einzigen Grund: Wegen des Damoklesschwerts der zwölfjährigen Höchstfrist nach dem WissZeitVG, nach deren Ablauf man sang- und klanglos aus der Universität hinausgeworfen wird, egal was man bis dahin in der Wissenschaft geleistet hat, es sei denn, es fällt plötzlich eine Dauerstelle vom Himmel oder man rettet sich auf eine weitere befristete Stelle, diesmal aber aus Drittmitteln, und versucht auf diese Weise, das Fallen des Schwerts noch ein wenig hinauszuzögern (wobei man immerhin noch seine Antragsexzellenz aufpolieren kann).

Über die absurd adversen Anreize, die dieses System setzt, sind schon ganze Bücher geschrieben worden.[10] So soll das WissZeitVG wissenschaftliche Karrieren planbar machen – tatsächlich schneidet es sie genau in dem Moment ab, in dem Wissenschaft als Beruf spannend wird. Es soll Anreize für mehr Dauerstellen in der Postdoc-Phase setzen – tatsächlich verunmöglicht es, wie spätestens das missglückte Berliner Experiment mit der verbindlichen Anschlusszusage einer unbefristeten Beschäftigung gezeigt hat,[11] jede Einstellung von Postdocs über die Befristungshöchstgrenze hinaus. Es sollte die Drittmittelbefristung rechtssicher in das Hochschularbeitsrecht einfügen – tatsächlich setzt es den Anreiz, die Drittmittelbefristung immer mehr auszuweiten und damit immer weitere Wissenschaftsbereiche von prekären Projektfördermitteln abhängig zu machen. Eine logische Entwicklung, die auch diese Autorin erfahren hat: Nach zwölf Jahren anerkannter wissenschaftlicher Arbeit lässt man sich eben nicht mehr so einfach aus der bisher aufgebauten Karriere verdrängen und greift daher nach jedem Strohhalm, der das Bleiben verspricht, sei es auch eine Drittmittel-Minibefristung. Die einfache Einsicht aus alledem lautet: Je enger die Höchstfristen nach dem WissZeitVG, desto prekärer statt planbarer die wissenschaftliche Karriere. Nicht nur diese Autorin hat daher gefordert, die Höchstbefristungsgrenze nach dem WissZeitVG ersatzlos zu streichen.[12]

Entgegen einer verbreiteten Unterstellung wäre das auch zulässig. Das europäische Befristungsrecht sieht nämlich gerade keine zeitliche Höchstfrist für Kettenbefristungen vor, sondern erlegt den EU-Mitgliedstaaten lediglich auf, den Missbrauch solcher Gestaltungen zu verhindern.[13] Dazu hat das Bundesarbeitsgericht im Bereich der Sachgrundbefristung unter

10 Vgl. FN 8 sowie etwa Jörn Sommer / Georg Jongmanns / Astrid Book / Christian Rennert, *Evaluation des novellierten Wissenschaftszeitvertragsgesetzes*. Berlin, 17. März 2022 (https://interval-berlin.de/wp-content/uploads/2022/06/abschlussbericht-evaluation-wisszeitvg.pdf).

11 § 110 Abs. 6 Berliner Hochschulgesetz (BerlHG) in der Fassung vom 14. September 2021 (https://gesetze.berlin.de/perma?d=jlr-HSchulGBE2011V27P110); dazu die redaktionelle Mitteilung *Dauerstellen-Regelung vor dem Aus*. In: *Forschung & Lehre* vom 31. Januar 2025 (www.forschung-und-lehre.de/politik/dauerstellen-regelung-vor-dem-aus-6715).

12 Vgl. Auer, *Weg mit der Höchstbefristung!* In eine ähnliche Richtung argumentiert auch Florian Meinel, *Wissenschaft als Beruf*; vgl. auch JürgenZimmerer, Tweet vom 20. März 2023: »Vorschlag, nicht Rückkehr zur 6jährigen Befristung stark zu machen, sondern gleich auf die Abschaffung jeglicher Befristungsobergrenze zu drängen« (https://twitter.com/JuergenZimmerer/status/1637893211623399442).

13 EuGH, Urteil vom 26. Januar 2012, C-586/10 – Kücük. In: *Neue Zeitschrift für Arbeitsrecht* 2012, 135.

dem TzBfG eine dreistufige Missbrauchskontrolle entwickelt, die neben der Gesamtdauer auch die Zahl der Befristungen sowie weitere Faktoren in Betracht zieht.[14] Danach ist die Missbrauchskontrolle eröffnet, sobald die in § 14 Abs. 2 S. 1 TzBfG genannten Grenzen für sachgrundlose Befristungen – zwei Jahre sowie maximal drei Verlängerungen – alternativ oder kumulativ mehrfach überschritten werden, das heißt wenn einer der beiden Werte mehr als das Vierfache beträgt oder beide Werte das Dreifache überschreiten, was sich rechnerisch in eine Gesamtdauer von mehr als acht Jahren oder mehr als zwölf Vertragsverlängerungen oder alternativ eine Gesamtdauer von mehr als sechs Jahren bei gleichzeitig mehr als neun Verlängerungen übersetzen lässt.

Merke: Dies sind die *Untergrenzen*, ab denen die Missbrauchskontrolle greift. Kritisch wird es nach der dreistufigen Formel des BAG erst in einem Bereich, in dem die genannten Grenzen alternativ um mehr als das Fünffache oder kumulativ um mehr als das Vierfache überschritten werden, also bei einer Gesamtbefristungsdauer von mehr als zehn Jahren oder mehr als fünfzehn Vertragsverlängerungen oder aber bei mehr als zwölf Vertragsverlängerungen bei einer gleichzeitigen Gesamtdauer von mehr als acht Jahren.[15] Erst in diesem Bereich ist der Rechtsmissbrauch nach Auffassung des BAG indiziert – wobei es sogar in diesem Fall letztlich auf die Umstände des Einzelfalls ankommt. Es gibt also, um es nochmal zu betonen, im allgemeinen Befristungsrecht keine feste Höchstfrist für Sachgrundbefristungen.

Warum also sollte eine entsprechend flexible Regelung, die explizit den Missbrauch in den Blick nimmt und dabei – ein besonderer Vorzug der Rechtsprechung des BAG – nicht nur auf die Gesamtbefristungsdauer, sondern vielmehr auf das Zusammenspiel von Gesamtdauer und Anzahl der Befristungen abstellt – nicht auch für wissenschaftliche Arbeitsverhältnisse in Betracht kommen? Warum macht es das aktuelle WissZeitVG etwa unmöglich, ein Postdoc-Arbeitsverhältnis mit dem Ziel der Anfertigung einer Habilitationsschrift in zwei planbaren Etappen von jeweils fünf Jahren zu befristen?

Europarecht steht dem nicht entgegen – während im Gegenteil viel dafür spricht, dass das auf ein faktisches Berufsverbot für Nachwuchswissenschaftler hinauslaufende Verbot einer solchen Gestaltung unter dem WissZeitVG verfassungswidrig ist.[16] Jedenfalls kann schwerlich argumentiert werden, dass die geltende Höchstfrist das im Rahmen der Berufsfreiheit von Artikel 12 des Grundgesetzes mildeste Mittel darstellt, um den Missbrauch von Befristungen im Wissenschaftsbereich zu verhindern, wenn das noch nicht einmal im allgemeinen Befristungsrecht so gesehen wird; ganz zu schweigen davon, dass nach allem Gesagten schon die Geeignetheit dieses Mittels zur Erreichung dieses Zwecks infrage steht.

14 BAG, Urteile vom 18. Juli 2012 – 7 AZR 443/09 sowie 7 AZR 783/10. In: *Neue Zeitschrift für Arbeitsrecht* 2012, 1351 sowie 1359.

15 Zum Ganzen Matthias Waskow in: *Münchener Handbuch zum Arbeitsrecht*, Bd. 2: *Individualarbeitsrecht II* (6. Aufl.) 2024, § 103 Rn. 87–89.

16 Simon Pschorr / Arnold Arpaci, *Mehrfach befristet, doppelt rechtswidrig. Warum keine Reform des Wissenschaftszeitvertragsgesetzes auch keine Option ist*. In: *Verfassungsblog* vom 3. Mai 2023 (https://verfassungsblog.de/mehrfach-befristet-doppelt-rechtswidrig/).

Indessen ist dies gerade nicht die Richtung, in die die seit einigen Jahren mit erhöhter Drehzahl geführte Reformdebatte geführt wird. Die Richtung ist vielmehr genau die gegenteilige: Weniger Befristungen, kürzere Höchstfristen, vor allem ein schnelleres Ende der Befristungen in der Postdoc-Phase. In diese Richtung lobbyiert #IchbinHanna seit 2021 und stößt dabei in der Politik durchaus auf Gehör. Zwar war die anfängliche Maximalforderung einer völligen Abschaffung von Befristungen in der Postdoc-Phase nach dem gescheiterten Berliner Experiment, das mit dem Rücktritt der Präsidentin der Humboldt-Universität sowie der Klage der Universität vor dem Bundesverfassungsgericht endete, vom Tisch.

Der aktuelle Stand der Forderung lautet indessen nur geringfügig modifiziert: »Postdocs raus aus dem WissZeitVG«.[17] Postdocs seien mit der Promotion »abschließend qualifiziert«; weitere Befristungen in der Postdoc-Phase seien als Umgehung des geltenden Arbeitnehmerschutzes unzulässig. Nun bedarf es keiner hellseherischen Fähigkeiten, um zu sehen, dass auch diese Maximalforderung so nicht durchsetzbar sein wird, da auch die Weiterqualifikation in der Postdoc-Phase unter den verfassungsrechtlichen Schutz der Berufsfreiheit fällt und vor allem – wie gesehen – »der geltende Arbeitnehmerschutz« ja gerade keine Höchstbefristungsgrenze kennt.

Dennoch ist der Spin der Debatte damit spätestens seit 2021 gesetzt. Die sechs Jahre Maximalbefristung der Postdoc-Phase nach WissZeitVG müssen nach vielfältiger Forderung aus dem progressiven Parteienspektrum zahlenmäßig runter, jedenfalls nicht rauf. Vor diesem Hintergrund präsentierte das damalige Bundesministerium für Bildung und Forschung am 17. März 2023 ein Eckpunktepapier zur Reform des WissZeitVG, das etwas grobschlächtig versuchte, den gordischen Knoten genau mittig zu durchschlagen, indem man sich politisch auf den Mittelwert zwischen den vorhandenen sechs und den geforderten null Jahren Postdoc-Befristung einigte und mithin bei drei Jahren herauskam, was insgesamt auf eine Verkürzung der geltenden Höchstbefristungsdauer von zwölf Jahren auf neun Jahre hinausgelaufen wäre.

Im Ergebnis wurde daraus nichts – außer einem fast unisono vernehmbaren Aufschrei aus der Wissenschaft und dem vermutlich kurzlebigsten wissenschaftspolitischen Reformpapier aller Zeiten, das schon am 19. März 2023 wieder in die »Montagehalle« zurückbeordert wurde.[18] Doch auch alles Montieren nützte in der Folgezeit nichts. Der nächste Versuch, der für die Postdoc-Phase eine Vier-plus-zwei-Jahre-Regelung mit verbindlicher Anschlusszusage vorsah,[19] schaffte es im Abendrot der Ampelkoalition immerhin noch bis zur ersten Lesung in den Bundestag und wurde von dort in den Ausschuss für Bildung,

17 @amreibahr.bsky.social, Skeet vom 14. Januar 2025: Forderungen von #IchBinHanna an neue Bundesregierung (https://bsky.app/profile/amreibahr.bsky.social/post/3lfpui4zzss2v).

18 Vgl. Florian Meinel, *Wissenschaft als Beruf*; vgl. auch Linda Pfleger, *»Verschlimmbesserung« altbekannter Probleme.* In: *Legal Tribune Online* vom 20. März 2023 (https://www.lto.de/recht/nachrichten/n/eckpunktepapier-bmbf-zu-reformen-des-wisszeitvg-kritik).

19 Entwurf eines Gesetzes zur Änderung des Befristungsrechts für die Wissenschaft, Deutscher Bundestag, Drucksache 20/11559 vom 29. Mai 2024. Alle Gesetzgebungsmaterialien unter: https://www.bundestag.de/dokumente/textarchiv/2024/kw42-de-befristungsrecht-1023764

Forschung und Technikfolgenabschätzung überwiesen, der an dem schon festgesetzten Termin für die Expertenanhörung im November 2024 nur wenige Tage nach dem Scheitern der Ampel festhielt.[20] Der Termin geriet zur öffentlichen Traumatherapie: Sechzehn Stellungnahmen wurden im Vorfeld abgegeben, flammende Reden gehalten, Enttäuschungstränen vergossen, und am Ende stand (nebst einiger Erleichterung) das große kathartische Scheitern.

Und jetzt? Im aktuellen Koalitionsvertrag heißt es erneut: »Wir verbessern die Arbeitsbedingungen für Forschende, Lehrende und Studierende nachhaltig, machen Karrierewege verlässlicher und bilden dies in der Förderung des Bundes ab. Wir novellieren das Wissenschaftszeitvertragsgesetz bis Mitte 2026. Mindestvertragslaufzeiten vor und nach der Promotion werden wir einführen und Schutzklauseln auf Drittmittelbefristungen ausweiten.«[21] Ab jetzt also noch ein Jahr. Ob die Verantwortlichen wissen, worauf sie sich da eingelassen haben? Drei Jahre, vier plus zwei Jahre, zwei plus vier Jahre Postdoc: Alles schon versucht, alles gescheitert. Also alles beim Alten lassen? »Warum keine Reform des Wissenschaftszeitvertragsgesetzes auch keine Option ist«, wurde ebenfalls schon erörtert.[22] Reformieren geht also nicht, nicht reformieren aber auch nicht. Jedes Manövrieren, gleich in welche Richtung, scheitert an wissenschafts- oder sozialpolitischen Sachzwängen. Die Höchstfrist weiter verkürzen? Nicht zu machen mit der Wissenschaft. Die Höchstfrist verlängern oder gar aufheben? Nicht zu machen mit #IchbinHanna und dem linken Teil des politischen Spektrums. Ein bisschen an Mindestlaufzeiten und Familienzeiten drehen? Löst das Grundproblem der prekären Arbeit in der Wissenschaft nicht, das wie ein Elefant im Raum steht. Nichts tun? Auch keine Lösung. Die Blockade ist total.

Zeit, sich zu fragen, wie es eigentlich so weit kommen konnte und was genau an der Denkungsweise des WissZeitVG falsch ist, dass es die auf seiner Grundlage geführte Debatte über prekäre Arbeitsbedingungen in der Wissenschaft derart verengen und auf ein falsches Gleis setzen konnte. Hier kommt sie nun, die angekündigte Lektion in Sachen Kosten zweckwidrigen Rechts. Kehren wir noch einmal zum Ausgangspunkt zurück. Als es Ende 2006 mit heißer Nadel gestrickt wurde, sollte das WissZeitVG eigentlich nur zwei auf den ersten Blick eher technische Probleme des Hochschularbeitsrechts lösen: Erstens war im Zuge der Föderalismusreform 2006 die Notwendigkeit entstanden, die Vorgängervorschriften der heutigen Qualifizierungsbefristung in §§ 57a ff. des Hochschulrahmengesetzes (HRG) in ein neues Gesetz »umzutopfen«.[23] Änderungen in der Sache waren damit nicht beabsichtigt. Vielmehr heißt es in der Gesetzesbegründung vom 16. November 2006 unübertrefflich lapidar:[24] »Diese Regelungen [...] haben

20 Alle Materialien unter: https://www.bundestag.de/webarchiv/Ausschuesse/ausschuesse20/a18_bildung_forschung/oeffentliche_anhoerungen/1028808-1028808.

21 Koalitionsvertrag 2025, Zeile 2427–2430 (www.koalitionsvertrag2025.de/).

22 Vgl. FN 16.

23 Zum verfassungsrechtlichen Hintergrund auch Florian Meinel, *Wissenschaft als Beruf*.

24 Entwurf eines Gesetzes zur Änderung arbeitsrechtlicher Vorschriften in der Wissenschaft, Deutscher Bundestag, Drucksache 16/3438 vom 16. November 2006. Alle Gesetzgebungs-

sich in der Praxis bewährt und sollen daher auch im Wesentlichen unverändert beibehalten bleiben.«

Der zweite Hauptzweck des Gesetzes war indessen neu: Die Drittmittelbefristung sollte erstmals als gesetzlicher Befristungsgrund ausgestaltet werden. Die Hochschulen hätten, so klagt die Begründung, von der Möglichkeit der Sachgrundbefristung bei befristeten Drittmittelprojekten bislang zu wenig Gebrauch gemacht. »Dies liegt im Wesentlichen daran, dass eine konkrete Kodifizierung des Drittmitteltatbestandes [...] fehlt. Das Prozessrisiko erscheint den Hochschulen und Forschungseinrichtungen daher in vielen Fällen zu hoch.« Lösung: »Es wird ein eigener Befristungstatbestand für die Beschäftigung von wissenschaftlichem und künstlerischem Personal sowie akzessorischem Personal in drittmittelfinanzierten Projekten an Hochschulen und außeruniversitären Forschungseinrichtungen eingeführt. [...] Diese Neuregelungen werden mit den bisherigen Regelungen zur befristeten Beschäftigung in der Qualifizierungsphase in einem eigenständigen Gesetz über befristete Arbeitsverträge in der Wissenschaft zusammengefasst.« Alternativen: Keine. Sonstige Kosten: Keine.

Um zu verstehen, was mit diesem doppelten Gesetzeszweck genau angerichtet wurde, ist es zunächst nötig, noch etwas tiefer in das Arbeitsrecht einzusteigen und sich den Unterschied zwischen Sachgrundbefristung und sachgrundloser Befristung klar zu machen. Während Erstere durch einen legitimen Grund gerechtfertigt sein muss, bedarf Letztere keines solchen Grundes und ist dadurch naturgemäß nur unter viel engeren Voraussetzungen zulässig – wie oben am TzBfG gesehen. Was macht nun das WissZeitVG? Es klebt einfach beides zusammen, ohne sich mit unnötigen Rücksichten auf Systematik und Kohärenz zu belasten: Die Qualifizierungsbefristung steht in § 2 Abs. 1 WissZeitVG und ist als sachgrundlose Befristung ausgestaltet, während die Drittmittelbefristung gemäß § 2 Abs. 2 WissZeitVG eine spezielle Sachgrundbefristung ist.[25]

Dass Haushaltsmittelbeschäftigte und Drittmittelbeschäftigte Tür an Tür arbeiten, die gleiche Arbeit in der Wissenschaft verrichten, ist also egal. Das WissZeitVG reißt beide Arten von Beschäftigung arbeitsrechtlich auseinander und ordnet die eine als sachgrundlose, die andere als Sachgrundbefristung ein. Dass die Qualifizierung als solche – also, wie das Gesetz formuliert, »die befristete Beschäftigung zur Förderung der eigenen wissenschaftlichen oder künstlerischen Qualifizierung« – in der Sache einen legitimen Befristungsgrund darstellt, ist nach § 2 Abs. 1 WissZeitVG irrelevant.

Das Framing des Gesetzes presst vielmehr alle Qualifizierungsbefristungen, egal wie sachangemessen sie im Einzelfall sein mögen, in die Schablone der sachgrundlosen Befristung. Dies hat folgende absurde Konsequenz: Die Qualifizierung kommt als Befristungsgrund nicht mehr in Betracht, weil die Befristung nach § 2 Abs. 1 WissZeitVG *definitionsgemäß sachgrundlos* ist – ergo: Qualifizierungsbefristung gleich sachgrundlos gleich prekär.

materialien unter https://dip.bundestag.de/vorgang/gesetz-zur-%C3%A4nderung-arbeitsrechtlicher-vorschriften-in-der-wissenschaft-g-sig-16019305/7483.

25 Zum Ganzen Matthias Waskow in: *Münchener Handbuch zum Arbeitsrecht*, § 104.

Genau umgekehrt verfährt das Gesetz dagegen mit der Drittmittelbefristung. Hier macht es aus der institutionell prekären Lage der befristeten Projektfinanzierung einen legitimen Befristungsgrund – kurz: Drittmittelbefristung gleich Sachgrundbefristung gleich legitim.

Hat man dieses Modell einmal aufgeschlüsselt, versteht man auch, woraus sich all die unbeabsichtigten Eigendynamiken und nichtintendierten Nebeneffekte der Beschäftigung unter dem WissZeitVG ergeben: Da das Gesetz aus dem Sachgrund der wissenschaftlichen Qualifizierung *per Definition* einen Nichtgrund macht, der nach Auffassung des Bundesarbeitsgerichts sogar Sperrwirkung gegenüber dem subsidiär ausdrücklich anwendbaren und damit nach dem Gesetzeswillen gerade nicht gesperrten TzBfG entfalten soll,[26] ist es klar, dass Hochschulen kaum jemals das Risiko eingehen werden, an das Fristende nach WissZeitVG noch eine reguläre Sachgrundbefristung nach TzBfG anzuschließen. Auch das politische Narrativ ist damit gesetzt: Der Exzess sachgrundloser Befristungen unter dem WissZeitVG muss dringend zurückgefahren werden.

Dass es sich dabei um ein rein definitorisches Artefakt handelt, wird nicht gesehen. So kreist man um angeblich zu lange Höchstfristen, was im Framing der sachgrundlosen Befristung auch kein Wunder ist, und vergisst dabei, wozu das ganze Forschen im akademischen Mittelbau eigentlich gut ist: zur *eigenen* akademischen Weiterqualifikation – ein Zweck, den das Gesetz ignoriert, entwertet, ja in einem Grade unverständlich macht, dass er von der Wissenschaft an die Politik kaum mehr kommuniziert werden kann. Voilà: der Schaden zweckwidrigen Rechts. Kein Wunder, dass sich die Wissenschaft in den vergangenen Jahren massiv in die Richtung Drittmittelbefristung bewegt hat, wo feste Höchstfristen ebenso wie im allgemeinen Befristungsrecht schon an Art. 12 GG scheitern müssen, da sie niemals das mildeste Mittel zur Bekämpfung missbräuchlicher Befristungspraktiken darstellen. Warum auch einem Forscher das Forschen verbieten, wenn dieser sogar sein eigenes Geld dafür einwirbt? So viel Marktlogik muss schon sein.

Apropos Marktlogik. Wer bis hierher gefolgt ist, wird sich nun vielleicht fragen, wie die zweckwidrige Idee, Qualifikationsbefristungen als sachgrundlos zu kategorisieren, überhaupt in die Welt gelangt ist. Zugunsten des WissZeitVG muss man immerhin festhalten, dass diese Fehlkategorisierung nicht auch noch auf seine Rechnung geht. Die Geschichte führt vielmehr zurück zu den hochfliegenden hochschulpolitischen Reformplänen des ersten Kabinetts Schröder in der 14. Legislaturperiode kurz nach der Jahrtausendwende. Am 23. Februar 2002 trat gleichzeitig mit der Reform der W-Professorenbesoldung auf Bundesebene das Fünfte Gesetz zur Änderung des Hochschulrahmengesetzes (5. HRGÄndG) in Kraft. Der dort formulierte Reformbedarf:[27] »– die lange Qua-

26 Die prinzipielle Anwendbarkeit des TzBfG ergibt sich aus § 1 Abs. 2 WissZeitVG. Zur Sperrwirkung aber BAG, Urteil vom 18. Mai 2016 – 7 AZR 533/14. In: *Neue Zeitschrift für Arbeitsrecht* 2016, 1276, 1277 Rn. 15; dazu Waskow in: *Münchener Handbuch zum Arbeitsrecht*, § 104 Rn. 10.

27 Entwurf eines Fünften Gesetzes zur Änderung des Hochschulrahmengesetzes und anderer Vorschriften (5. HRGÄndG),

lifikationsdauer des wissenschaftlichen Nachwuchses, – die im internationalen Vergleich unzureichende Selbständigkeit der Post-Doktorandinnen und Post-Doktoranden, – das hohe Erstberufungsalter von Professorinnen und Professoren, – die Befristung der Arbeitsverträge für wissenschaftliche Mitarbeiterinnen und Mitarbeiter an Hochschulen und Forschungseinrichtungen, – die Regelung der Rechte der verfassten Studierendenschaft.« Die Reformagenda: »– Einführung einer Juniorprofessur mit dem Recht zur selbständigen Forschung und Lehre als neuer Weg zur Professur an Universitäten und gleichgestellten Hochschulen, – ausschließliche und umfassende Bewertung der für die Berufung auf eine Professur erforderlichen Leistungen im Berufungsverfahren unter Verzicht auf die Habilitation, – Eröffnung des Karrierewegs an der eigenen Hochschule durch Begrenzung des Hausberufungsverbots, – Einführung eines Doktorandenstatus, – völlige Neugestaltung der Regelungen der befristeten Beschäftigung von wissenschaftlichen Mitarbeiterinnen und Mitarbeitern.«

An dieser Weggabelung passierte es, dass die zuvor als Sachgrundbefristung gefasste Regelung der §§ 57a ff. HRG durch die beschleunigte sachgrundlose Befristung innerhalb fester Höchstfristen ersetzt wurde. Dies geschah im Zuge der allgemeinen Verwettbewerblichung des deutschen Hochschulsystems, von der inzwischen klar geworden sein dürfte, dass die Nachteile die Vorteile überwiegen.[28] Vor allem aber ging es dabei um ein Ziel: die Abschaffung der Habilitation. Nun wird heute bekanntlich immer noch habilitiert. Der hochschulpolitische Reformeifer der Jahrtausendwende indes zerschellte 2004 am Bundesverfassungsgericht.[29] Und dennoch: In den heutigen Debatten um das WissZeitVG weht noch dieser gewisse Hauch der frühen Nullerjahre. Man könnte es so formulieren: Sachgrundbefristung verhält sich zu sachgrundloser Befristung wie Habilitation zu Juniorprofessur. Wollen wir wirklich die Fehler der Jahrtausendwende wiederholen?

Deutscher Bundestag, Drucksache 14/6853 vom 31. August2001. Alle Gesetzgebungsmaterialien unter: https://dip.bundestag.de/vorgang/f%C3%BCnftes-gesetz-zur-%C3%A4nderung-des-hochschulrahmengesetzes-und-anderer-vorschriften-5/114682.

28 Vgl. nur Wolfgang Krischke, *Evaluation in Dauerschleife*. In: *FAZ* vom 15. Februar 2024 (www.faz.net/aktuell/karriere-hochschule/30-jahre-hochschulwettbewerb-die-wissenschaft-leidet-an-den-folgen-19515269.html).

29 Das BVerfG erklärte das 5. HRGÄndG wegen Überschreitung der Rahmenkompetenz des Bundes für nichtig; BVerfG, Urteil vom 27. Juli 2004, 2 BvF 2/02. In: *Neue Juristische Wochenschrift* 2004, 2803. Die bereits in Kraft gesetzten arbeitsrechtlichen Vorschriften wurden durch ein nachgeschobenes Gesetz »gerettet«; vgl. Gesetz zur Änderung dienst- und arbeitsrechtlicher Vorschriften im Hochschulbereich (HdaVÄndG) vom 27. Dezember 2004, BGBl. I 2004, Nr. 75 vom 30. Dezember 2004, S. 3835. Alle Gesetzgebungsmaterialien unter: https://dip.bundestag.de/vorgang/gesetz-zur-%C3%A4nderung-dienst-und-arbeitsrechtlicher-vorschriften-im-hochschulbereich-hdav%C3%A4ndg/97194

Was soll ich hier noch?

Der Niedergang Venezuelas

Von Rachel Nolan

Einer von vier Venezolanern hat sein Land verlassen. Vor sieben Jahren war es noch jeder Zehnte, der ausgewandert, geflohen oder vertrieben worden war. Für die meisten Menschen in den USA und Kanada schien dieser Umstand kaum eine Rolle zu spielen, außer als Bestätigung, dass der Sozialismus »nicht funktioniert« oder dass der venezolanische Ex-Präsident Hugo Chávez ein linker Diktator war, der das Land ruinierte. Im Jahr 2023 überquerten mehr Menschen aus Venezuela die Grenze zwischen den USA und Mexiko als aus jedem anderen Land, abgesehen von Mexiko selbst und Guatemala. Im Jahr 2024 zählte man offiziell 261 000 Venezolaner, aber das sind nur die Menschen, die aufgegriffen wurden. Jeder Zehnte – das ist eine Massenmigration. Jeder Vierte ist ein Exodus. Fast acht Millionen Seelen.

Es haben aus Venezuela mehr Menschen das Weite gesucht als aus von Krieg und Tod gezeichneten Ländern wie Syrien und der Ukraine. In Venezuela herrscht Frieden. Aber es ist ein Frieden mit galoppierender Inflation, ein Frieden, in dem die Menschen nicht an Bargeld kommen, nicht an Lebensmittel, nicht an Medikamente. Als sie nicht einmal mehr Maismehl für ihre Familien kaufen konnten, boten die Bauern ihr gesamtes Hab und Gut zum Verkauf an, verschenkten den Rest, und als alles übrige nur noch in einen Rucksack passte, gingen sie. Dann taten die Lehrer es ihnen nach. Dann die Anwälte und Ärzte, die Unternehmer, die Chávez-Gegner und schließlich sogar die glühendsten Chavistas. Paula Ramón, eine venezolanische Journalistin, war eine von denen, die das Land verließen, und ihre beiden Brüder auch. Doch ihre Mutter blieb zurück.

In ihrem autobiografischen Buch *Motherland* zeichnet Ramón die Etappen der Implosion Venezuelas nach, die so viele Familien betrifft.[1] Diejenigen, die das Land verlassen haben, versuchen verzweifelt, die Dagebliebenen am Leben zu halten. Das gestaltet sich als Gerangel um Banküberweisungen und per Containerschiff aus Miami versandte Carepakete mit Lebensmitteln – die vertraute Sorge, wenn man seine alternden Eltern am Heimatort zurücklässt, nur um ein Vielfaches größer. Die unter dem Begriff der Bolivarischen Revolution bekanntgewordene Bewegung hatte sich seit den 1990er Jahren zum Ziel gesetzt, die Klassenschranken aufzubrechen. Die jüngste Krise hat die Hierarchien in der venezolanischen Gesellschaft aber in einem Maße erschüttert, das die Chavez-Revolution noch übertrifft. Eine Arbeiterfamilie mit einem Sohn in Chile, der Geld nach Hause schickt, steht plötzlich besser da als eine Mittelschichtfamilie, in der keiner das Land verlassen hat.

Das Zerwürfnis über den Chavismo ging quer durch Ramóns Familie, die in Maracaibo lebte, dem sonnenverwöhnten Erdöl-Zentrum und der zweitgrößten Stadt Venezuelas. Ihre Mutter war in ärmlichen Verhältnissen aufgewachsen, schaffte es aber in die Mittelschicht, indem sie sich einen Platz an der öffentlichen Univer-

1 Paula Ramón, *Motherland. The Disintegration of a Family in a Collapsed Venezuela*. Seattle: Amazon Crossing 2023.

sität in Maracaibo erkämpfte und als Lehrerin arbeitete. Sie wurde eine begeisterte Chavista, wetterte dann aber ebenso energisch gegen Chávez, als die Wirtschaft 2014 in eine Abwärtsspirale geriet. (Ramóns Vater war Spanier und hatte im Bürgerkrieg auf Seiten der Republik gekämpft, sich freiwillig zum Kampf gegen die Nazis an der Westfront gemeldet und war im Konzentrationslager Mauthausen interniert worden, bevor er nach Caracas auswanderte. Er starb ein Jahr nach Chávez' erstem Putschversuch im Jahr 1992.) Bei Ramón, die anfangs mit Chávez sympathisierte, machte sich ebenfalls Enttäuschung breit. Einige ihrer Cousins und Geschwister blieben hingegen überzeugte Anhänger.

Ramón verließ das Land früher als viele ihrer Landsleute, schon 2010. Sie hatte Journalismus studiert und als Reporterin über die chavistische Politik und die Massenkundgebungen gegen ihn geschrieben – »die Emotionen der Menschen kochten hoch«, erinnert sie sich – und heiratete schließlich einen brasilianischen Journalisten. Er wurde nach China versetzt, und sie ging mit. (Viele Ortswechsel später ist sie heute Korrespondentin für Agence France-Presse in Los Angeles.) Ihre beiden Brüder verließen Venezuela einige Jahre nach ihr, da befand sich das Land schon im freien Fall. Der Ältere führte einen kleinen Lebensmittelladen, arbeitete als Bankangestellter, dann als Bäcker und gab schließlich alles auf, nur um in Chile als Kellner sein Geld zu verdienen. Der Jüngere, ein bis zuletzt überzeugter Chavista, wollte eigentlich bleiben, verdiente als Polizist aber umgerechnet nur 3,40 Dollar im Monat. Die Polizeikräfte waren dafür zuständig, die Demonstrationen der Opposition zu unterdrücken. »Was soll ich noch hier«, sagte er zu seiner Schwester, als er 2017 seine Sachen packte.

Die grundlegende Frage, was genau überhaupt im Land passierte und wer dafür verantwortlich ist, wird sowohl innerhalb als auch außerhalb Venezuelas heiß diskutiert. In den amerikanischen Talkshows ist die Sache klar: Der Sozialismus ist die Hölle. Chávez und der von ihm auserkorene Nachfolger Nicolás Maduro haben Venezuela gegen die Wand gefahren. Wer einem Sozialisten seine Stimme gibt, wird sich früher oder später kein Klopapier mehr kaufen können. Das Schreckgespenst des Castrochavismo hatte auch Donald Trump in Florida geholfen – 2020 schaltete Trumps Wahlkampfteam dort eine Anzeige, in der er fälschlicherweise behauptete, Maduro unterstütze Joe Biden. Im Staatsfernsehen Venezuelas wird einem natürlich eine ganz andere Geschichte präsentiert: Ein feindliches Imperium hält Venezuela unter seiner Knute; wegen des von den USA geführten Wirtschaftskriegs können die Venezolaner keine Waren des täglichen Bedarfs mehr kaufen. Was ist nun richtig?

Abgesehen davon, dass Chávez hauptsächlich für Umverteilung angetreten war und nicht für eine eiserne sozialistische Ideologie, wird die Wahrheit wohl irgendwo in der Mitte zu suchen sein, potenziert durch eine ihrem Wesen nach anfällige Wirtschaft, die ausschließlich auf Ölförderung basiert. 1914 hatten Goldsucher die erste Ölquelle Venezuelas erschlossen. Es stellte sich heraus, dass das Land über die größten nachgewiesenen Erdölreserven der Welt verfügt – bei der zweiten großen Entdeckung in einer Stadt namens Cabimas regnete das Öl neun Tage lang vom Himmel. Mit dem Geld aus dem Ölgeschäft baute man in Caracas lange Boulevards, und die Reichen gingen auf Einkaufstour nach Paris, um sich die neueste Mode zuzulegen. In den 1970er Jahren und insbesondere nach der Verstaatlichung der Ölindustrie im Jahr 1976 war Venezuela eines der reichsten Länder der Welt. Keine Regierung unternahm jemals ernsthafte Schritte zur Diversifizierung der Wirtschaft. Warum auch, wenn das Land doch *la Venezuela saudita* (Saudi-Venezuela) genannt wurde und in Petrodollars schwamm? Die Menschen flogen nach Miami, um sich von Elektronik bis hin zu Möbeln alles zu kaufen, was ihr Herz begehrte. Sie waren so wohlhabend, dass man in den 1970ern über Venezolaner im Ausland spottete, ihr Leitspruch sei »Tá barato, dame dos!« (»Das ist so billig, gib mir gleich zwei!«).

In seinem unvoreingenommenen Buch *Things Are Never So Bad That They Can't Get Worse* über den jüngsten Zusammenbruch und Parallelen zu früheren Krisen schreibt der ehemalige Korrespondent der *New York Times* William Neuman, dass das unerschütterliche Vertrauen auf das Öl »eine bereits bestehende Tendenz zu einer stark zentralisierten Regierung mit einer mächtigen Exekutive noch verstärkt hat«.[2] Venezuela blickt auf eine lange Vergangenheit von Diktaturen zurück, aber auch auf eine Tradition demokratischer Öffnungen, wie die kurze Präsidentschaft von Rómulo Gallegos, einem der berühmtesten lateinamerikanischen Schriftsteller seiner Zeit, im Jahr 1948. Neuman zitiert den ersten Ölminister der venezolanischen Demokratie, Juan Pablo Pérez Alfonzo, der an der Gründung der OPEC beteiligt war. Er warnte in den 1970er Jahren davor, dass der Reichtum des Landes auch seinen Ruin bedeuten würde, und bezeichnete Erdöl als »das Exkrement des Teufels«.

In ihrem soziologischen Klassiker *The Paradox of Plenty* (1997) zeigt die Politikwissenschaftlerin Terry Karl, dass Länder, in denen große Ölvorkommen entdeckt werden, wie Venezuela, Nigeria, Iran, Algerien und Indonesien, oft die Illusion von Wohlstandswachstum erleben und dann zu Petrostaaten werden, destabilisiert durch die zunehmende Dominanz derer, die durch das Öl reich geworden sind. In Venezuela sprudelten die Gewinne schnell und heftig, und vor allem kamen weit mehr der Zuwendungen bei den Reichen an als bei den Armen. Die Gewerkschaften ergatterten zwar Verträge mit staatlichen Unternehmen, die sich bereit erklärten, mehr Arbeiter einzustellen, als gebraucht wurden; doch die privaten Unternehmen profitierten von zinsgünstigen Krediten, staatlichen Aufträgen und niedrigen Steuern. Bedürftige bekamen Wohnungen, alte Menschen bekamen Renten, alle bekamen fast kostenloses Benzin. »Zwar ist es in jedem Land so, dass Regierungen bevorzugte Wählergruppen mit manchen von diesen Vergünstigungen und Wahlgeschenken bei der Stange halten«, schreibt Neuman, »doch die Venezolaner betrachteten sie bald als wesentliche Bestandteile ihrer Staatsbürgerschaft – unabhängig davon, ob die Ölpreise hoch oder niedrig waren.« Die Wohlhabenden und Mächtigen gingen noch einen Schritt weiter – das Ausmaß von Korruption im Land ist legendär. »In den Augen seiner Bürger«, so Neuman, »ist der venezolanische Staat kaum mehr als ein Geldautomat.«

2 William Neuman, *Things Are Never So Bad They Can't Get Worse. Inside the Collapse of Venezuela*. New York: St. Martin's 2022.

Ramón schreibt, dass »die Venezolaner sich in einer falschen Weltwahrnehmung eingerichtet haben: Die Entdeckung des Erdöls habe sie für immer reich gemacht. [...] Als Nation hätten sie halt den Jackpot geknackt, und die Regierung verteile nun den Gewinn.« Wie viele andere spülte die Ölwelle auch Ramóns Familie hinauf in die Mittelschicht. Ihre Mutter schaffte es durch Entschlossenheit und staatliche Förderung, einen Hochschulabschluss zu machen und eine Hypothek für ein Haus in Maracaibo aufzunehmen. Als sie chronisch an schwerer Arthritis erkrankte, und dann am Sjögren-Syndrom, einer Autoimmunerkrankung, zahlte die Regierung ihr eine Rente in Höhe ihres vollen Lehrergehalts, während sie zu Hause blieb. Sogar lange vor der sozialistischen Wende hatte das Land neben Kuba eines der großzügigsten Sozialhilfeprogramme in der Region.

Auch Ramóns Familie litt unter den Einbrüchen der Ölwirtschaft: Arbeitsplätze gingen verloren und Renten wurden gekürzt. Ende der 1970er Jahre begann die Inflation zum ersten Mal anzusteigen, bis auf 20 Prozent im Jahr 1979. Die Auslandsverschuldung blähte sich auf. Im Jahr 1983 – an einem Tag, den man in Venezuela Schwarzen Freitag nennt – wertete die Regierung die Währung ab und führte Devisenkontrollen ein, um die Inflation einzudämmen. Die Wirtschaft erholte sich nach dem Absturz etwas, aber alles Ölgeld der Welt konnte die Mittelschicht und die armen Venezolaner nicht darüber hinwegtäuschen, dass sich die Reichsten durch eklatante Korruption weiter die Taschen vollstopften.

Erst floss das Geld in Strömen, dann wurde es weniger, aber die Armen waren und blieben arm. Die »Trickle-down«-Theorie blieb genau das: Theorie. Die Mobilisierung der Bevölkerung hatte bereits zuvor ein paar Mal geklappt: Eine Reihe von Aufständen von Linken und Studentenorganisatoren hatte 1958 den Diktator Marcos Pérez Jiménez zu Fall gebracht. Aber auch unter der demokratischen Regierung sorgten der anhaltende Rassismus und Klassismus für Frustration und Wut. Eine Freundin von mir, die in Venezuela aufgewachsen ist, erinnert sich an die ständigen Sticheleien in ihrer Kindheit seitens der Familie ihrer hellhäutigen Mutter, weil diese entschieden hatte, einen charmanten, witzigen und dunkelhäutigen Mann aus Maracaibo zu ehelichen (ganz zu schweigen von den Kommentaren über das Aussehen meiner Freundin selbst, die eher nach ihrem Vater kommt).

Zu Beginn der 1990er Jahre wurden im Zuge eines als »pink tide« apostrophierten Linksrucks in vielen Ländern Lateinamerikas linke Regierungen gewählt, die mit ihren Versprechen für bessere Sozialprogramme durch hohe Rohstoffpreise Auftrieb erhielten. Auch Chávez bestürmte die politische Bühne von links außen. 1992 versuchte er sich an einem Militärputsch, einem eher lächerlichen Anlauf, eine demokratisch gewählte Regierung abzusetzen, die Sparmaßnahmen durchgeboxt hatte. Er orderte einen Panzer, um die Tür des Präsidentenpalasts einzurammen. Er hatte allerdings nur rund zehn Prozent der Armee hinter sich und wurde verhaftet.

Damals führte er nicht etwa eine Volksbewegung an, sondern war ein kaum bekannter Armeekadett in Uniform, mit roter Baskenmütze auf dem Kopf, der einer kleinen Geheimzelle innerhalb des Militärs vorstand. Doch seine Festnahme wurde live im Fernsehen übertragen, und die Menschen waren von seiner kühlen Gelassenheit beeindruckt. »Zunächst möchte ich dem venezolanischen Volk einen guten Morgen wünschen«, sagte er, als hielte er eine nette kleine Rede und würde nicht gerade wegen eines Putschversuchs verhaftet. »Leider haben wir die Ziele, die wir uns gesteckt haben, in der Hauptstadt vorerst nicht erreicht.« Mit Betonung auf vorerst. »Es werden sich neue Möglichkeiten auftun.«

Einige Venezolaner waren entsetzt. Andere begrüßten den Staatsstreich, da sie darin den Versuch sahen, gegen die grausame Ungleichheit und Korruption vorzugehen. Chávez' Herkunft aus bescheidenen Verhältnissen und seine gemischten afrikanischen und indigenen Vorfahren, die ihm deutlich ins Gesicht geschrieben standen, waren niemandem entgangen. In einer Live-Fernsehsendung dankte Chávez seinen Anhängern für ihren Mut, forderte sie auf, die Waffen niederzulegen, und sagte, sein Vorbild sei der Befreier Venezuelas, der Unabhängigkeitsführer des 19. Jahrhunderts, Simón Bolívar.

Wieder auf freiem Fuß ging Chávez wie selbstverständlich weiter davon aus, dass er auf militärische Maßnahmen zurückgreifen müsse, um an die Macht zu kommen. Doch da irrte er sich. Im Jahr 1998 gewann er die freien Wahlen mit 56,2 Prozent der Stimmen. Nur kurze Zeit später, erzählt Ramón, saß einmal Gabriel García Márquez auf einem Flug von Havanna nach Caracas neben Chávez und verfasste daraufhin einen Artikel mit der Überschrift *Die zwei Gesichter des Hugo Chávez*. Er schrieb, er habe das Gefühl, Zeit mit zwei verschiedenen Männern verbracht zu haben: »Der eine, dem sein unverwüstliches Glück die Chance präsentiert hatte, sein Land zu retten; der andere ein Traumtänzer, der sehr wohl einmal als ein weiterer Despot in die Geschichte eingehen könnte.«[3]

In den USA wird Chávez oft nur als Diktator gesehen. Es sei jedoch daran erinnert, dass seine politische Botschaft – der Kampf gegen die Korruption und die Forderung nach einer gerechteren Verteilung von Gütern, nach wirtschaftlicher Souveränität und sozialen Rechten für die Venezolaner aller Schichten – zumindest anfangs äußerst populär war. Sein Amtsantritt wurde von einer Welle demokratischer Unterstützung getragen. Chávez wird in den USA außerdem ausschließlich als Sozialist gehandelt, obwohl er als Sozialdemokrat begann und erst nach sechs Jahren im Amt anfing, eine erklärtermaßen sozialistische Politik zu verfolgen.

Schon nach kurzer Zeit polarisierte Chávez das Land zutiefst. Für ihn gehörte man entweder zu *el pueblo* (»dem Volk«) oder zum Feind – zu den Eindringlingen, den Reichen und Oligarchen, die Venezuela lahmgelegt hatten und denen man ihre Privilegien streitig machen musste. Er nutzte Volksabstimmungen, um Legislative und Judikative zu entmachten und die Präsenz der Armee in der Regierung zu verstärken. Er berief eine neue verfassungsgebende Versammlung ein, die sich selbst das Recht gab, jedes etwaige Regierungsmitglied abzusetzen, das sie für korrupt hielt, und drückte 1999 eine neue Verfassung durch, die die Amtszeit des Präsidenten auf sechs

3 Deutsche Übersetzung von Christian Hansen in: *Le Monde diplomatique*, August 2000 (https://www.monde-diplomatique.de/artikel/!5662610).

Jahre verlängerte und eine zweite Amtszeit ermöglichte. Dies war eine erste Abkehr von der Demokratie, obwohl Chávez im Jahr 2000 erneut ordnungsgemäß gewählt wurde. Er übernahm die staatliche Ölgesellschaft und steckte die Gewinne in Alphabetisierungs- und Hungerbekämpfungsprogramme. 2005 verkündete er erstmals, Venezuela sei auf dem Weg in den »Sozialismus des 21. Jahrhunderts«. Im darauffolgenden Jahr wurde er in einer freien und fairen Wahl wiedergewählt, doch die Opposition wuchs, und zwar insbesondere nachdem er einen unabhängigen Nachrichtensender dichtgemacht hatte, was, zumal in Kombination mit seiner engen Beziehung zu Fidel Castro, vielen Venezolanern einen Schreck einjagte. Im Jahr 2009 gewann er ein Referendum zur Aufhebung jeglicher Amtszeitbeschränkungen.

Chávez' Popularität und seine wiederholten Wahlerfolge sind zum Teil auf die Sozialprogramme zurückzuführen, die großzügig von der staatlichen Ölgesellschaft finanziert wurden. Von seinem Amtsantritt im Jahr 1999 bis zu seinem Tod 2013 erlebte Venezuela eine Öl-Bonanza, die jene der 1970er Jahre noch um einiges übertraf. Im Juni 2014 war der Ölpreis auf fast hundert Dollar pro Barrel geklettert. Dann platze die Blase. Auch dank der boomenden Schieferölproduktion in den USA stürzte der Preis bis Januar 2015 auf weniger als die Hälfte ab, woraufhin klar wurde, dass die Regierung das gesamte Geld des Landes ausgegeben hatte und kein weiteres mehr vorhanden war. Korruption, Devisenkontrollen und ein verrücktes Importsystem spielten ebenfalls eine Rolle, aber die einfachste Erklärung für alles Folgende ist, wie Neuman schreibt, dass »es ein Gesetz gegeben hatte, demzufolge die Regierung Geld in einen Schlechtwetterfonds einzuzahlen hatte. Chávez hob es auf und gab das beiseite gelegte Geld aus.«

Bereits an Krebs erkrankt, gewann Chávez 2012 eine letzte Wahl. Er ernannte Nicolás Maduro, einen loyalen ehemaligen Busfahrer ohne jedes Charisma, zu seinem Nachfolger, der nach seinem Tod die Präsidentschaft tatsächlich auf Interimsbasis übernahm – obwohl Chávez' Nachfolger rechtlich gesehen der Vorsitzende der Nationalversammlung hätte sein müssen. Es herrscht ziemliche Einigkeit darüber, dass Maduro im Angesicht der Krise wie schockgefroren war. In seiner Unbeholfenheit und seinem Fatalismus wusste er sich nicht zu helfen, und so unternahm er nichts, außer die Opposition mit immer größerer Gewalt zu unterdrücken. Nach einer Reihe von Wahlen, die von immer fadenscheinigeren Behauptungen von Freiheit und Neutralität begleitet waren, ist Maduro bis heute Präsident. Am eindeutigsten gestohlen war die Wahl im Juli 2024 gegen einen beliebten Oppositionskandidaten.[4]

Seit 2005 haben die USA, angeblich als Reaktion auf Chávez' mangelnde Kooperation bei der Drogenbekämpfung, eine Vielzahl von Sanktionen gegen Venezuela verhängt, die den Zugang zum US-Finanzsystem und die Ausfuhr von venezolanischem Öl blockieren. Im Jahr 2017 verschärfte Präsident Donald Trump die Sanktionen mit dem ausdrücklichen Ziel eines Regimewechsels. (Venezuela brach

4 Vgl. William Neuman, *Chavismo's Chokehold*. In: *New York Review of Books* vom 19. September 2024.

2019 die diplomatischen Beziehungen zu den USA ab, nachdem diese nicht Maduro, sondern einen Oppositionsführer als Wahlsieger anerkannt hatten.) Wer immer noch von der Wirksamkeit von Wirtschaftssanktionen überzeugt ist, die derzeit das bevorzugte außenpolitische Instrument der USA darstellen (die Sanktionen betreffen mittlerweile ein Drittel aller Länder der Erde), tut gut daran, die Berichte von Jeff Stein und Federica Cocco[5] sowie das neue Buch *How Sanctions Work* von Narges Bajoghli, Vali Nasr, Djavad Salehi-Isfahani und Ali Vaez zu lesen. Ihre Texte über die perversen Anreize, die durch Wirtschaftssanktionen geschaffen werden, machen klare Parallelen deutlich zwischen den Reaktionen Irans und Venezuelas auf ihre jeweilige wirtschaftliche Isolation: eine allgegenwärtige Kultur, den US-Imperialismus für inländische Probleme verantwortlich zu machen, und ein daraus resultierender gesteigerter Militarismus im Alltagsleben. In keinem der beiden Länder haben die Sanktionen zu einem Regimewechsel geführt – ganz zu schweigen von Kuba, wo ganze sechzig Jahre Sanktionen nichts anderes bewirkt haben als die Verelendung des kubanischen Volkes.

Haben die Sanktionen die Migration beschleunigt und den absoluten Zusammenbruch Venezuelas um 2019 losgetreten? Oder waren es, wie einige Forscher der Brookings Institution eher denken, wirtschaftliche Misswirtschaft, Hyperinflation und das, was Ökonomen als »Zusammenbruch des Lebensstandards« bezeichnen, womit sie meinen, dass man nicht länger eine Tüte schwarzer Bohnen kaufen kann, wenn man nicht zufällig eine ganze Papiertüte voll Bargeld zur Hand hat?[6] Zwar haben sowohl externe Restriktionen als auch interne Instabilität zur Krise beigetragen, aber die Vorstellung, dass die Sanktionen kein wesentlicher Teil des Problems seien, ist unhaltbar. Sogar das US Government Accountability Office – so etwas wie der interne Rechnungsprüfungsdienst der Regierung – kam zu dem Schluss, dass die gegen die staatliche venezolanische Ölgesellschaft verhängten Sanktionen »wahrscheinlich zum verstärkten Niedergang der venezolanischen Wirtschaft beigetragen haben«.

Eine Möglichkeit, den Strom venezolanischer Migranten an der US-Grenze einzudämmen, bestünde darin, die Sanktionen aufzuheben. Seit mehreren Jahren schon beknien Demokraten aus den Grenzstaaten die US-Regierung, diese zumindest abzumildern. Aus Angst, gegenüber einem geopolitischen Feind nachgiebig zu wirken, hielt Joe Biden während seiner Präsidentschaft zunächst an den verschärften Sanktionen fest. Später lockerte er sie dann zwar, angeblich um freie Wahlen zu ermöglichen, aber vermutlich war da noch ein anderer Grund ausschlaggebend: Solange russisches Öl nicht infrage kommt, sind die USA mehr denn je auf das aus Venezuela angewiesen.

Paradoxerweise wäre es für die Trump-Regierung, die sich generell wenig um

5 Jeff Stein / Federica Cocco, *How Four US Presidents Unleashed Economic Warfare Across the Globe*. In: *Washington Post* vom 25. Juli 2024; und zusammen mit Peter Whoriskey, *A New Washington Influence Industry Is Making Millions from Sanctions*. In: *Washington Post* vom 24. Oktober 2024.

6 Vgl. Dany Bahar / Ted Piccone / Harold Trinkunas, *Venezuela: A path out of misery*. Brookings Institution, Oktober 2018.

diplomatische Konventionen schert, in mancher Hinsicht politisch machbarer gewesen als für Biden, die Sanktionen gegen Venezuela zu lockern. Während seiner ersten Amtszeit hat Trump das Maduro-Regime heftig kritisiert, nach seinem zweiten Amtsantritt gab es dann eine kurze Phase der Annäherung, als Trump und der venezolanische Diktator dazu bereit schienen, ein Abkommen zu schließen, mit dem die USA die Beschränkungen für Ölexporte aufheben würden, wenn Venezuela Abschiebeflüge akzeptiert. (Man kann Menschen nicht in Länder abschieben, die sich weigern, sie aufzunehmen – diese Tatsache gewinnt auf einmal an Bedeutung, da die neue Regierung den vorübergehenden Schutzstatus für Hunderttausende Venezolaner in den USA aufgehoben hat.)

Die Entspannung war allerdings nicht von Dauer, und die USA haben den Einsatz ihrer Wirtschaftswaffe wieder zur obersten Priorität erklärt. Im Februar hob Trump die Förderlizenz für Chevron auf, die den Export von Rohöl in die USA ermöglicht und die venezolanische Wirtschaft angekurbelt hatte. Im darauffolgenden Monat erklärte sich Venezuela nach Androhung weiterer Sanktionen und nachdem Trump 238 Venezolaner auf der Grundlage des Alien Enemies Act in El Salvador ins Gefängnis gesteckt hatte, bereit, Abschiebeflüge zu akzeptieren – ein Schritt, der, wie Maduro es nannte, zur »weiteren Rettung und Befreiung von Migranten aus Gefängnissen in den Vereinigten Staaten« beitragen würde. Das hielt Trump jedoch nicht davon ab, kurz darauf einen 25-prozentigen Zoll auf alle Länder anzukündigen, die venezolanisches Öl importieren, und hinderte ihn auch nicht daran, weiterhin zu versuchen, Venezolaner auf der Grundlage des besagten Gesetzes in andere Länder abzuschieben, vermutlich nach El Salvador. Am 19. April 2025 erließ der Oberste Gerichtshof eine Dringlichkeitsanordnung zur Aussetzung der Abschiebung von Venezolanern, die in einem Haftzentrum in Texas festgehalten wurden; einige Tage später beobachtete eine Reuters-Drohne dort Männer, die mit ihren Körpern die Buchstaben »SOS« formten.

Was müsste sich ändern, damit die Venezolaner in Venezuela bleiben? Der IWF schätzt, dass zwischen 2013 und 2019 zwei Drittel der Wirtschaftstätigkeit in Venezuela zum Erliegen kamen. Das entspricht einem Rückgang des BIP um 65 Prozent. Zum Vergleich: Während der Großen Depression sank das BIP der USA gerade einmal um 27 Prozent. Maduros Regierung hat die Veröffentlichung der meisten Wirtschaftsdaten bereits seit mehreren Jahren eingestellt. Im Jahr 2018 räumte sie dann ein, dass die Inflation bei 130 000 Prozent lag. Die Geschäfte erhöhten die Preise mehrmals am Tag. Ramón drängte ihre Mutter, das Geld, das sie überwiesen hatte, sofort auszugeben, da es am Folgetag wertlos sein würde. Zu Ramóns großer Frustration war ihre Mutter eine Gewohnheitssparerin und ließ immer ein wenig auf dem Konto. Die Menschen hörten auf, Fleisch zu essen, aßen dann dreimal am Tag nur Linsen, dann nur noch eine Linsenmahlzeit am Tag. Ein Freund, der zu dieser Zeit als Korrespondent in Caracas arbeitete, sah sich gezwungen, regelmäßig einen Flug ins Ausland zu nehmen, um Koffer mit Bargeld zu holen, um das Nötigste bezahlen zu können. (Er war noch einer der Glücklichen.)

Es gibt verschiedene Arten von Gewalt – Gewalt mit vorgehaltener Waffe (unmittelbar) oder Gewalt durch Umweltzerstörung oder Hunger (auf lange Sicht). Die Folge, nämlich Massenmigration, ist in beiden Fällen unaufhaltsam. Die Welt ist komplizierter als die rein rechtliche Unterscheidung zwischen Wirtschaftsmigranten, die ihr Land vermeintlich aus freien Stücken verlassen, und Asylsuchenden auf der Flucht. Ramóns Verwandte, wie so viele Venezolaner, wurden in keiner Weise vom Staat verfolgt. Ihr Bruder war immerhin ein regierungstreuer Polizist. Und doch haben sie ihre Heimat nicht auf eine Weise verlassen, die man als freiwillig bezeichnen könnte – wenn die galoppierende Inflation dazu führt, dass ein Vollzeitgehalt nicht einmal für eine ausreichende Versorgung mit Lebensmitteln reicht.

Die Nordamerikaner in den USA und Kanada bilden sich manchmal ein, dass alle, und insbesondere alle Lateinamerikaner, zu ihnen ins Land kommen *wollen*. Neuman schreibt gegen genau diese Idee an: »Keiner wollte Venezuela verlassen. Alle deine Leute waren hier – deine Familie, deine Eltern, deine Freunde. Es war das Leben, das man kannte. In Venezuela gab es eine Art von Licht, das man nirgendwo anders fand: das honigfarbene Licht eines Abends in Caracas, das durch die dunkelgrünen Blätter der Mangobäume fällt, vor der ewigen Kulisse des bewaldeten Ávila-Massivs, das sich wie ein Wächter zwischen der Stadt und dem Meer erhebt; das gleißend weiße Licht der karibischen Küste, das einen die Augen zusammenkneifen lässt und die Welt von Farbnuancen reinwäscht.«

Neuman schreibt, dass er bei seinen Interviews in Maracaibo, die stärker als jede andere Stadt Venezuelas von Stromausfällen und Plünderungen betroffen ist, eigentlich eher Zeugnisse darüber sammelte, wie »Familien auseinandergerissen werden«. Er sagte, es waren Männer, »immer die älteren Männer«, denen die Tränen kamen, wenn sie ihm von ihren Kindern erzählten, die gezwungen waren, das Land zu verlassen. Wie die meisten Migrationsgeschichten ist auch diejenige von Ramón eine Geschichte der Familientrennung. Das Augenmerk liegt meist auf jenen, die weggehen, aber es sind nur die ungewöhnlich kleinen Familien, in denen niemand zurückgelassen werden muss. Manche Menschen sind zu stur, zu krank, zu unbeweglich, um auszuwandern. Ramóns Mutter klammerte sich zunächst krampfhaft an ihr Haus in Maracaibo, und als sich die Krise verschärfte, wurde sie durch die sich verschlimmernde chronische Krankheit festgehalten. Ihre Kinder rechneten sich aus, dass sie sich keine Krankenversicherung würden leisten können, wenn sie sie zu einem von ihnen nach Brasilien oder Chile holen würden. Es schien der einzige Weg zu sein, sie vom Ausland aus zu unterstützen.

Die stärksten Passagen von *Motherland* sind die detaillierten Beschreibungen, wie Ramón diesen immer schwierigeren finanziellen und logistischen Tanz bewältigte. Sie musste ihrer Mutter fast alles zusenden. Bei ihren Besuchen, so schreibt sie, »waren die einzigen Produkte, die man regelmäßig in den Regalen der Supermärkte fand, völlig unnötige, willkürlich zusammengewürfelte Dinge wie Plastikbecher oder Schuhcreme«. Ihre Wohnung in Brasilien war voller Post-it-Zettel mit Kontonummern, um auf verschiedenen Wegen Geld nach Venezuela zu transferieren. Schließlich konnte sich ihre Mutter kaum mehr bewegen und war an einen Rollstuhl gefesselt, den sie nur unter größter Mühe aufgetrieben hatten. Sie war auf eine Haushaltshilfe angewiesen, und nachdem sie verschiedene Pflegerinnen durchprobiert hatten, fanden sie eine Frau namens Luz aus La Guajira, einer Region an der Grenze zu Kolumbien.

Beim Lesen hätte ich gerne mehr über Luz erfahren, die dem indigenen Volk der Wayuu angehört, das seit langem unter bösartiger Diskriminierung und einem hohen Maß an Unterernährung leidet. Wenn Ramóns Familie ohne Zugriff auf Bargeld so zu kämpfen hatte, wie und wovon hat Luz sich dann ernährt? Ramóns Mutter bewahrte ihre Lebensmittel hinter Schloss und Riegel im Schlafzimmer auf, und selbst um einen Kaffee zu kochen, durfte Luz nur unter ihrer Aufsicht die Speisekammer öffnen, um dann die Vorräte in die Küche zu bringen. Ramón gibt nur wenige Details preis, außer dass es bei Luz zuhause nicht einmal Strom oder fließend Wasser gab.

Sie beschreibt aber immerhin eine Szene, die nicht nur an sich bezeichnend ist, sondern auch bezeichnend wenig Neugier auf die Perspektive der schlechter gestellten Frau zum Ausdruck bringt: »Luz war zierlich, aber ihre Arme waren so kräftig, dass die Adern hervortraten. An der Rückseite des Rollstuhls hatten sie einen Schirm angebracht, um Mama vor der weißglühenden Sonne in der Stadt zu schützen, in der sie unbedingt leben wollte. Noch fünf Jahre zuvor hatte sie sich in einer Limousine mit Ledersitzen und einem Satellitentelefon durch Maracaibo bewegt. Jetzt trug sie eine überdimensionale Sonnenbrille und einen Panamahut, den ich ihr besorgt hatte, und wurde von der stets schweigsamen Luz in einem Metallgestell durch die fast menschenleeren Straßen geschoben. Es war wie eine Szene aus einem dystopischen Gemälde aus der Kolonialzeit.«

Die Familie hatte zwar genug Guthaben auf der Bank, um Luz zu bezahlen, aber die wilde Inflation führte dazu, dass niemand so einfach an das Geld herankam. Luz hätte achtundvierzig Tage lang hintereinander zu einem Geldautomaten gehen müssen, nur um den Betrag für einen Monat Busfahrt zur Arbeit abzuheben. Schließlich beschloss Luz, ihrer Schwester nach Kolumbien zu folgen, wo sie als Hausbedienstete eine Stelle fand, die in einer stabileren Währung bezahlt wurde. Ramóns Mutter sagte: »Sie ist es leid, und wer könnte es ihr verdenken.«

2018 starb Ramóns Mutter. Das kam zwar nicht unerwartet, aber doch so, wie man es sich in den schlimmsten Träumen ausmalt: ein Anruf, ein zu Boden geglittenes Telefon, Tante und Pflegekraft im Schreikrampf. Ramón kam für die Beerdigung nach Hause. Ihre Verwandten vor Ort begannen darüber zu streiten, wer das Handy und das iPad ihrer Mutter erben würde, und plünderten das Haus auf der Suche nach verbliebenen Lebensmitteln. Als Tochter versuchte sie erfolglos, ihre Wut herunterzuschlucken, denn im Grunde war ihr klar, dass sie sich nur deshalb wie die Geier benahmen, weil sie schlichtweg nichts hatten.

Mit dem Tod ihrer Mutter, schreibt Ramón, »wurde die Nabelschnur, die mich mit ihr und dem Terrakottaboden unseres Hauses verband, mit einem Mal gekappt«. Es ist unmöglich, von Ramóns Trauer, ihrem »Abschiedsbrief an meine Eltern und mein Land«, unberührt zu bleiben. Vier

Monate nach der Totenwache, im Jahr 2019, besuchte sie ein letztes Mal das Haus ihrer Mutter. Maracaibo wurde von Lebensmittelknappheit und Stromausfällen heimgesucht: »Es war das erste Mal, dass ich diesen Raum betrat, und sie war nicht da. Es gab keine Snacks, keinen Kaffee, kein ›Hallo, Süße‹. Das Haus meiner Mutter war nichts als ein leeres Haus in einem sich langsam leerenden Land.«

Aus dem Englischen von Birthe Mühlhoff

Bye, Bye Soft Power

Von Jürgen Osterhammel

Als der Kalte Krieg zu Ende ging, wurden eine Reihe von Versuchen unternommen, den historischen Moment auf den Begriff zu bringen. Francis Fukuyama sprach vom Ende der Geschichte, die sich im Triumph der demokratischen USA vollendet habe. Samuel P. Huntington sah blutige Zivilisationskämpfe am Horizont. Zur gleichen Zeit wurden von Sozialwissenschaftlern wie Arjun Appadurai, Ulrich Beck und Roland Robertson die ersten und lange Zeit maßgebenden Theorien der Globalisierung formuliert. Weltpolitisch sprach man von einer unilateralen oder unipolaren Welt, in der den siegreichen Vereinigten Staaten kein auch nur annähernd ebenbürtiger Gegner entgegentrat.

Von allen Konzepten der 1990er Jahre hat keines den Auf- und Abschwung von Theoriekonjunkturen besser überstanden als die Vorstellung von *soft power*. Geprägt hat den Begriff Joseph S. Nye, Jr., einer der einflussreichsten und am höchsten geehrten Politikwissenschaftler der USA, viele Jahre lang Leiter *(dean)* der Kennedy School of Government an der Harvard University, mehrfach auf Listen der »top global thinkers« zu finden, von verschiedenen amerikanischen Regierungen konsultiert und mit diplomatischen Aufgaben betraut.

Am 6. Mai 2025 ist Joseph Nye im Alter von achtundachtzig Jahren verstorben. Mit einer Mischung aus Befriedigung und Verwunderung hat er den weltweiten Aufstieg seiner Wortprägung erlebt. Allein in China gibt es, wie Nye selbst berichtete, Tausende von Artikeln über *soft power*. Er hat aber auch noch wahrgenommen, was unvorstellbar schien: dass einem amerikanischen Präsidenten die freundliche Seite der Macht egal sein würde.

Im Einklang mit dem gesamten *foreign policy establishment* der USA, einem – unter Trump erstmals an den Rand gedrängten – Geflecht von Universitätslehrern, Thinktank-Fachleuten, Diplomatinnen und Publizisten, ging es auch Joseph Nye darum, wie die USA ihre »Größe« auf der Weltbühne bewahren und möglichst noch ausbauen könnten. Für Nye und andere *liberal internationalists* sollte dies in Harmonie mit verbündeten Staaten und im Rahmen dessen geschehen, was heute eine »regelbasierte« Ordnung genannt wird. Es gab eine »freie Welt« der Demokratien, und die USA waren ihre natürliche Führungsmacht unter der Prämisse, dass Führung nicht dasselbe sei wie Herrschaft.[1] Würde das immer so bleiben?

1988 prophezeite der Yale-Historiker Paul M. Kennedy, ein Experte für britischen und deutschen Imperialismus, in seinem Bestseller *The Rise and Fall of the Great Powers* den relativen Niedergang der USA, während er der Sowjetunion eine geringfügig günstigere Zukunft in Aussicht stellte.[2] Nye war von Kennedys historischer

1 Joseph S. Nye, *Is the American Century Over?* Cambridge: Polity Press 2015.

2 Paul M. Kennedy, *Aufstieg und Fall der großen Mächte. Ökonomischer Wandel und militärischer Konflikt von 1500 bis 2000*. Übersetzt von Catharina Jurisch. Frankfurt: Fischer 1997.

Gelehrsamkeit beeindruckt, die mit viel Datenmaterial den Aufstieg und Fall von Großmächten über die Jahrhunderte hinweg verfolgte. Auch wenn die Auflösung des Sowjetblocks und wenig später der Sowjetunion die Prognosekraft des Historikers in ein unvorteilhaftes Licht rückte, blieben amerikanische Abstiegsängste auf der Tagesordnung. Hatte Kennedy recht?

1989 kam Nye an seinem »Küchentisch« (so Nyes eigener Entdeckermythos) die Erleuchtung: Anders als Kennedy meinte, ergibt sich internationale Macht nicht unmittelbar aus Heeresstärken, Waffen und Industriepotenzialen. Ressourcen können mit unterschiedlichem politischem Geschick eingesetzt werden. Schwächen in der materiellen Ausstattung lassen sich durch kulturelle Attraktivität ausgleichen. Kleine Akteure – Beispiele wären die Schweiz, die Niederlande oder der Vatikan – haben ohne imposante Machtapparate Prestige und Einfluss erlangt. Große Mächte, die stets Verbündete und Vasallen brauchen, die sie führen können, beziehen Anerkennung und Durchsetzungskraft nicht nur aus Gewalt und Gewaltandrohung, sondern auch aus Vorbildlichkeit.

Eben dies ist sanfte Macht: die Fähigkeit, andere Staaten statt durch Zwang und Bestechung durch die subtileren – und billigeren – Methoden von Überzeugung und Überredung auf die eigene Linie zu bringen.[3] Vor allem bei schärferem internationalem Wettbewerb – das war Nyes ursprüngliche Botschaft – lasse sich *American leadership* nur durch einen reich bestückten Instrumentenkasten langfristig sichern: von strategischer Nuklearrüstung bis zu Charmeoffensiven freundlicher Präsidenten. Auch die politisch nicht steuerbare Attraktivität von Kulturindustrie und Zivilgesellschaft trug zur Gesamtakkumulation US-amerikanischer *soft power* im Weltmaßstab bei. Nye dachte an Hollywood, Popmusik und Wissenschaft.

Diese Botschaft vom Küchentisch in Massachusetts, 1990 erstmals als Buch veröffentlicht,[4] war nicht ganz neu. 1513 meinte der Florentiner Niccolò Machiavelli in *Il principe*: Es ist besser für den Fürsten, wenn er gefürchtet, als wenn er geliebt wird. 1589 antwortete der Römer Giovanni Botero, einer der klügsten Kritiker Machiavellis: Aber der Staat muss sich auch um seinen guten Ruf kümmern, um *la riputazione*.[5] Das Furchteinflößen hat seine eigene Geschichte, die eine Geschichte begrenzter Wirkung ist. Die wahnsinnigsten Cäsaren und die brutalsten Despoten waren selten die effektivsten Herrscher. Und im Zeitalter nuklearer Hochrüstung war und ist es eine überlebenssichernde Regel, den Gegner nicht zu sehr zu erschrecken: Er könnte in eine Panikreaktion getrieben werden. Die eigene Reputation bleibt auch hier wichtig. Sie besteht in der begründeten Minimalvermutung der Anderen, eine Supermacht sei nicht bereit, ihre Gewaltmittel bis zum Äußersten einzusetzen. Ab-

3 Hier wäre weiterführend anzuschließen an Ulrich Bröckling, *Gute Hirten führen sanft. Über Menschenregierungskünste*. Berlin: Suhrkamp 2017.

4 Joseph S. Nye Jr., *Bound to Lead. The Changing Nature of American Power*. New York: Basic Books 1990.

5 Giovanni Botero, *Della ragione di stato* [1601]. Hrsg. v. Chiara Continisio. Rom: Donzelli 1997. Vgl. auch Michael Rohrschneider, *Reputation als Leitfaktor in den internationalen Beziehungen der Frühen Neuzeit*. In: *Historische Zeitschrift*, Nr. 291, 2010.

schreckung funktioniert nicht ohne dieses Minimalvertrauen.

In den 1990er Jahren, unter den Präsidenten George H. W. Bush (1989–93) und Bill Clinton (1993–2001), fiel das Konzept der *soft power* in den USA auf fruchtbaren Boden. Paradoxerweise diente es schon gleich nach seiner Erfindung nicht dazu, einen objektiven Niedergang zu kaschieren und zu kompensieren. Im Gegenteil: Die USA waren – und fühlten sich – so stark wie nie seit der Zeit des Nachkriegspräsidenten Harry S. Truman (1945–53). Die allgemeine Stimmungslage war optimistisch: Wir haben den Kalten Krieg gewonnen, jetzt können wir uns zurücklehnen, maßvoll abrüsten und die Überlegenheit des US-amerikanischen Zivilisationsmodells ruhig in die Welt hinausstrahlen lassen. Die wohltätige Wirkung wirtschaftlicher Globalisierung wird auch den alten Gegner und hoffentlich neuen Geschäftspartner Russland wieder zu Kräften kommen lassen, doch in Maßen und ohne erneute Gefährdung der amerikanischen Dominanz.

Joseph Nye war theoretisch zu versiert, historisch zu belesen und in praktischer Politik zu erfahren, um eine solch naive Zuversicht zu teilen.[6] *Soft power*, das war sein Credo, sei keine Selbstverständlichkeit, sie müsse politisch gewollt und gestaltet werden. Buch um Buch hat er sein Konzept den sich ändernden Zeitumständen angepasst und dabei verfeinert. Im Rückblick deutete er die Erosion von kulturellem Kapital als eine der wichtigeren Ursachen für den Untergang der Sowjetunion. Von der Unterdrückung des Prager Frühlings 1968 habe sie sich nie wieder ganz erholt, und was an gutem Willen in der »Dritten Welt« aufgebaut worden war, sei 1979 durch die Invasion Afghanistans zunichte gemacht worden. Die Berliner Mauer wich sanfter Gewalt.[7]

Soft power, wie Joseph Nye sie amerikanischen Politikern empfahl, war nicht einfach das Zuckerbrot, das den Gepeitschten je nach situativem Bedarf verabreicht werden sollte. Er verglich sie lieber mit einem Magneten, der unauffällig und dauerhaft Anziehung (»attraction« – eine von Nyes Lieblingsvokabeln) gewährleistet. Allerdings warnte er davor, westliche Werte als a priori überlegen zu betrachten und sich darauf zu verlassen, dass alle Welt sie als solche anerkenne. Der Westen müsse aktiv für sich werben, ohne in leicht durchschaubare Propaganda zu verfallen. Anders als sein Kollege Samuel P. Huntington, der neben ihm in Harvard lehrte, diagnostizierte er keinen unabänderlichen Kampf verfeindeter Kulturen. Auch ein radikaler Islam könne *soft power* entfalten und Anhänger an sich binden, von denen einige dann allerdings zur *hard power* des Terrorismus griffen. In einer Welt ubiquitärer *soft power* – das wäre die Konsequenz, auch wenn Nye sie in dieser Schärfe nicht gezogen hat – ringen Machtstrategen um Köpfe und Herzen.[8]

6 Er ist auch Ko-Autor eines vorzüglichen zeitgeschichtlichen Lehrbuchs: Joseph S. Nye / David A. Welch, *Understanding Global Conflict and Cooperation. An Introduction to Theory and History*. Boston: Pearson 2016.

7 Joseph S. Nye Jr., *Soft Power. The Evolution of a Concept*. In: *Journal of Political Power*, Nr. 14/1, 2021.

8 Vgl. das Kapitel *Others' Soft Power* in: Joseph S. Nye, *Soft Power: The Means to Success in World Politics*. New York: Public Affairs 2004.

Der späte Nye hat sich mit der Kombinatorik verschiedener Typen von Macht beschäftigt. Bereits mit George W. Bushs nach den Anschlägen vom 11. September 2001 proklamiertem »Krieg gegen den Terror« erlebte harte militärische Macht eine Wiederauferstehung, die wenige Jahre zuvor kaum denkbar gewesen wäre. Gleichzeitig traten Vorstellungen von gestählter Männlichkeit erneut hervor, die für die Kultur der USA immer schon charakteristischer gewesen waren als zivilisierte *softness*. Im Zeichen neuer Kriege musste *soft power* im politischen Methodenrepertoire neu situiert werden.

Im frühen 21. Jahrhundert traten zwei zusätzliche Herausforderungen auf. Die erste kam aus China. Die Volksrepublik, wohlhabend und international ehrgeizig geworden, ging von rhetorischen Angriffen auf »westliche Werte« zu einer offensiven auswärtigen Kulturpolitik über. Dazu gehörten Konfuzius-Institute auf allen Kontinenten und die Propagierung einer »posthegemonialen« und »multipolaren« Weltordnung nach dem Verfall amerikanischer Führung. Das offizielle China hat sich das Konzept *soft power (ruǎnshílì)* zu eigen gemacht und führt seine Wurzeln auf das antike chinesische Staatsdenken zurück, dem zufolge der gerechte und weise Herrscher das Volk mit Worten, Zeichen und gelegentlichen Strafen gütig lenken soll. So hatte es Nye selbstverständlich nicht gemeint.

Die zweite Neuerung ist *cyberpower*, eine Art von Macht die sich auch dann nicht ohne Weiteres in die Klassifikation von harter und sanfter Macht fügt, wenn man solche Typenbegriffe in Endpunkte einer gleitenden Skala von Machthärte umdefiniert. Bereits um 2010, als von einer russischen Bedrohung durch hybride Kriegsführung gegen den Westen noch nichts zu spüren war, hat Nye versucht, die machttheoretischen Implikationen der neuen Verbindung von Physischem und Virtuellem im Cyberraum zu verstehen.[9]

Im Jahr 2024 beschloss Joseph Nye seine Memoiren mit einem teils elegischen, teils warnenden Satz: »Even if its external power remains dominant, a country can lose its internal virtue and attractiveness to others.«[10] Das war auf Trump gemünzt, dessen erste Amtszeit Nye genau studiert hatte. Nye entwickelte eine Art *rating system* für US-Präsidenten, bei dem es vor allem um deren ethische Qualitäten und einige benachbarte kognitive Eigenschaften geht. Während Roosevelt, Truman, Eisenhower, Bush senior und Clinton den Test ordentlich bestehen, unterbietet Trump noch die magere Punktzahl des jüngeren Bush.[11] Gut schneidet er allein beim Kriterium moralfreien Machthandwerks ab. Verheerend fällt die Bewertung dort aus, wo es um »moral vision«, Wahrhaftigkeit und ein Verständnis für die Auswirkung des eigenen Handelns auf Andere (»contextual intelligence«) geht – für Nye Aspekte, mit denen er ein bloß instrumentelles Verständnis von sanfter Macht zu korrigieren versuchte. Immer mehr wurde sie in seinen Augen nicht nur wegen ihrer Gewaltfreiheit zu moralisch guter Macht. Sie solle auch eingesetzt werden, um das Gute zu wollen und zu erreichen.

9 Joseph S. Nye, *The Future of Power*. New York: Public Affairs 2011.

10 Joseph S. Nye, *A Life in the American Century*. Cambridge: Polity Press 2024.

11 Joseph S. Nye, *Do Morals Matter? Presidents and Foreign Policy from FDR to Trump*. Oxford University Press 2020.

2020 sah Joseph Nye den damals amtierenden Präsidenten als einen Vernichter von *soft power*.[12] Den Beginn von Trump II hat er nicht mehr schriftlich kommentiert. Durch eine Nyesche Brille wird sichtbar, wie sich innerhalb weniger Monate der Machtmix in den USA verändert hat. Durch einen gefügigen Kongress von allen Begrenzungen der Staatsverschuldung befreit, hat Trump eine riesige Aufrüstungswelle gestartet. Diese Anhäufung neuer *hard power* dient nicht länger dem Zweck, den sie seit den späten 1940er Jahren hatte: der Abschreckung und auch Einschüchterung der UdSSR und ihres russischen Nachfolgerstaats. Der Feind sitzt nicht länger im Kreml. Auch bestreitet Trump als guter Isolationist, neue Kriege führen zu wollen, vielleicht mit Ausnahme kleiner imperialer Aktionen gegen Panama, Dänemark oder Kanada. Das einzige Ziel der neuen Rüstung ist China, das, anders als die Sowjetunion seit den späten 1950er Jahren, noch nicht die Fähigkeit besitzt, die nationale Sicherheit der USA zu bedrohen, und mit dem gleichzeitig ein umfassender Handelskompromiss angestrebt wird.

Während Trump einerseits eine ungewöhnlich objektlose Aufrüstung betreibt, zerstört er andererseits mit ideologischen Begründungen, die jeder außenpolitischen Rationalität spotten, bestehende Quellen von *soft power*. Nichts ist dabei gravierender als die Einstellung fast aller Formen von Hilfe, gerade auch von medizinischer Unterstützung, für arme Länder. Die USA scheren sich nicht länger um ihr Ansehen im Globalen Süden, gegen den zugleich das *Hard-power*-Instrument des »Strafzolls« willkürlich eingesetzt wird. Anders als sein republikanischer Vorgänger George W. Bush und dessen »neo-konservative« Einflüsterer, will Trump die Demokratie nicht verbreiten. Er schützt sie noch nicht einmal dort, wo es sie schon gibt, indem er Auslandssender schließt, Menschenrechtspolitik und Cyberabwehr einstellt und seinen Helfern gestattet, antidemokratische Kräfte in anderen Ländern zu stärken. Die US-Verfassung, seit zweieinhalb Jahrhunderten weltweit wegen ihrer ausbalancierten Gewaltenteilung bewundert, beschädigt er in ihrem Ursprungsland. Die amerikanische Wissenschaft weckt im Ausland plötzlich Sorge und Mitleid. Was Trump seinem Land antut, hat der frühere Harvard-Präsident Larry Summers beschrieben als »to sacrifice its role as a beacon to the world and a source of attraction for the most talented young people all over the world«.[13] Die USA hören auf, Magnet zu sein.

Der erste Anti-Universalist unter den US-Präsidenten seit Franklin D. Roosevelts Abkehr vom Isolationismus offeriert Größe ohne Führungsanspruch jenseits der eigenen tribalen Bewegung, Größe bestenfalls auf dem Kommandoweg theatralischer Dekretierung im grellen Kammertheater des Oval Office, Größe ohne *soft power*. Seine Außenpolitik – die man nicht Diplomatie nennen möchte – arbeitet mit Einschüchterung und Erpressung. Die goldene Regel seit dem Schulterschluss zwischen Roosevelt und Churchill, dass Ame-

12 Zum Prestigeverfall der USA in Trumps erster Amtszeit vgl. David W. Kearn, *The Crisis of American Soft Power*. In: *Journal of Political Power*, Nr. 15/3, 2022.

13 Interview in *Politico* vom 23. Mai 2025 (www.politico.com/news/magazine/2025/05/23/trump-harvard-international-students-larry-summers-00367667).

rika nur durch seine Bündnisse stark ist,[14] missachtet er. Er spielt mit der ultimativen Drohung: den Verbündeten, die ab diesem Moment keine mehr sind, den nuklearen Abschreckungsschutz zu verweigern. Es stört ihn nicht, dass die Gruppe seiner enthusiastischen Anhänger in der internationalen Politik auf Israel, El Salvador, Argentinien und Ungarn geschrumpft ist. Umfragen, nach denen die Bewunderung für die USA einen Tiefpunkt erreicht hat – gefragt wird nach »the US as a force for good« –, scheinen ihn und seine MAGA-Aktivisten nicht zu beeindrucken. Erstmals haben Chinas globale Imagewerte die der USA überholt.[15] Neben drohender Macht wird werbende Macht ersatzlos gestrichen. Weil Trump das Konzept der »freien Welt« nicht versteht oder nicht verstehen will, ist er der erste Präsident seit den Isolationisten der 1920er Jahre, der sich nicht als »leader of the free world« fühlt. Dann jedoch als *leader* wovon und wogegen? Eine starke Allianz gegen China ist nicht in Sicht; hier stehen die USA allein. Von *soft power* bleibt nur das Ad-hoc-Charisma eines Reality-TV-Komödianten.

Betrachtungen zu Macht in der »Zeitenwende« konzentrieren sich oft zu einseitig auf militärische Kräfteverhältnisse und geopolitische Verschiebungen: den Aufstieg der einen, den Abstieg der anderen, also Paul Kennedys Frage auf die Gegenwart projiziert. Man kann gegen das Konzept von *soft power* vieles einwenden, etwa seinen Mangel an analytischer Präzision, seine politische Vieldeutigkeit, eine verwirrende Verquickung des Deskriptiven mit dem Normativen, seine Tendenz zur Verbrämung von amerikanischem »Kulturimperialismus«.[16] Joseph Nyes gesamtes Werk schärft indes die Aufmerksamkeit für Machtformen, ihr Verhältnis zueinander und die Transformationsprozesse zwischen ihnen. Der Niedergang von *soft power* in den auswärtigen Beziehungen der USA und vielleicht in der internationalen Politik überhaupt ist eher ein Symptom als eine Ursache epochaler Umbrüche.

Doch schon das Symptom ist Grund für eine Warnung. Die legendären Weisen *(pundits)* der amerikanischen Außenpolitik hinterließen eine lange Reihe solcher Warnungen. Bereits 1951 warnte George F. Kennan vor »emotionalism and subjectivity« im Verhältnis der Staaten untereinander, eine Sünde, die Trump inbrünstiger begeht als alle seiner Vorgänger.[17] Der Johns-Hopkins-Professor – und nationale Sicherheitsberater unter Präsident Jimmy Carter – Zbigniew Brzezinski schloss 2012 sein politisches Testament mit der Warnung, nicht die Hegemonie irgendeines Staates, sondern Tumult *(turmoil)* sei die größte Gefahr in der internationalen Politik.[18] Heute sind in den beiden nuklea-

14 Vgl. Joseph S. Nye, *The Paradox of American Power. Why the World's Only Superpower Can't Go It Alone*. Oxford University Press 2002.

15 Vgl. www.ipsos.com/en/americas-reputation-drops-across-the-world (eine Umfrage vom April 2025).

16 Zur Diskussion um Nye vgl. Stephanie Christine Winkler, *Conceptual Politics in Practice: How Soft Power Changed the World*. PhD Dissertation, Stockholm 2020 (Stockholm Studies in International Relations 2020/3)

17 George F. Kennan, *American Diplomacy 1900–1950*. University of Chicago Press 1951.

18 Zbigniew Brzezinski, *Strategic Vision. America and the Crisis of Global Power*. New York: Basic Books 2012; ähnlich Madeleine Albright (mit Bill Woodward), *Faschismus. Eine Warnung*. Übersetzt von Bernhard Jendricke u. Thomas Wollermann. Köln: DuMont 2018.

ren Supermächten Kräfte an der Macht, die Tumult nicht fürchten und Unübersichtlichkeit als ein günstiges Geschäftsmilieu betrachten. Joseph Nye warnte vor einem Verlust des internationalen Vertrauens in die USA und davor, ohne Not gute »Karten« aus der Hand zu geben, etwa starke Bündnisse und Einfluss in internationalen Organisationen. Das Verschwinden von *soft power* macht die verbleibende *hard power* nicht stärker. Trump, den manche für einen Meister-Machiavellisten halten, sollte sich ein paar Sätze aus Boteros Klassiker vorlesen lassen: Ohne eine gute Reputation hat der Fürst es schwer, noch mehr im zwischenstaatlichen Umfeld als gegenüber den eigenen Untertanen. Am Ende fürchtet man ihn nicht, dann ist er nur noch ein lästiges Übel, *a nuisance*, ein entzauberter *ugly American*.

Wertekataloge, Sprichwörter, Leerformeln Zur Arbeit von Expertenkommissionen

Von Stefan Kühl

Die Zeit vor den Wahlen ist die Boom-Phase von Expertenkommissionen. Stiftungen, Akademien oder Regierungsbehörden stellen einen Kreis von Experten zusammen, um mit konkreten Handlungsvorschlägen Wahlkampfdiskussionen und Entscheidungen in den Koalitionsverhandlungen beeinflussen zu können.[1] Normalerweise gehen die Ergebnisse der Expertenkommissionen im allgemeinen Strudel aktueller Nachrichten unter und werden höchstens in Fachkreisen zur Kenntnis genommen. Je prominenter die Experten, je bedeutender die Schirmherren, je einflussreicher die Initiatoren, desto größer sind die Chancen, im Stimmengewirr während und nach der Wahl gehört zu werden.

Kaum eine Expertengruppe ist dabei in den letzten Jahrzehnten so erfolgreich gewesen wie die Initiative des ehemaligen Verfassungsrichters Andreas Voßkuhle, des ehemaligen Verteidigungs- und Innenministers Thomas de Maizière, des ehemaligen Finanzministers Peer Steinbrück und der ehemaligen Vorstandsvorsitzenden von Gruner + Jahr Julia Jäkel.[2] Von pauschalen Forderungen nach »guter Gesetzgebung« über die Einrichtung von »Experimentierklauseln« bis hin zur »Neuordnung der föderalen Beziehungen« – ein großer Teil der Ideen der Kommission ist in den aktuellen Koalitionsvertrag zwischen CDU / CSU und SPD eingeflossen.

1 Speziell zu Kommissionen der Bundesregierung vgl. Sven T. Siefken, *Expertenkommissionen der Bundesregierung*. In: Svenja Falk u.a. (Hrsg.), *Handbuch Politikberatung*. Wiesbaden: Springer VS 2019.

2 Julia Jäkel / Thomas de Maizière / Peer Steinbrück / Andreas Voßkuhle, *Initiative für einen handlungsfähigen Staat. Zwischenbericht*. Berlin: Hertie School 2025 (www.stiftung-mercator.de/de/publikationen/zwischenbericht-initiative-fuer-einen-handlungsfaehigen-staat/). – Alle nicht weiter belegten Zitate entstammen diesem Bericht.

Der Staatsrechtler Florian Meinel vermutet hinter dem Papier der vier »Ehemaligen« einen neuen »Populismus der Eliten«. Hinter dem Begriff der »Staatsreform« verstecke sich in Wirklichkeit eine Mischung aus einem »konservativen Krisendiskurs«, der »alten konservativen Kritik des Wohlfahrtstaates« und der Idee eines letztlich europafeindlichen »ökonomischen Nationalismus«.[3] Die Rechtswissenschaftlerin Angelika Nußberger geht Meinels Kritik viel zu weit. Sie sieht in der »Aufnahme von Millionen Geflüchteter«, der »erfolgreichen Bewältigung der Pandemie« und der »rasanten Umstellung auf eine Energieversorgung ohne russisches Gas« keinen Ausdruck der Handlungsfähigkeit des Staates, sondern betrachtet die Überlegungen der Kommission zu den »Gelingensbedingungen staatlichen Handelns« als einen zentralen Hebel, um den »Vertrauensverlust« der Bürger gegenüber dem Staat zu stoppen.[4] Bei allem Dissens, was die ideologische Zielrichtung der Kommission angeht, überschätzen dabei beide Staatsrechtler die Rationalität solcher Kommissionsempfehlungen.[5]

Die Kommission für einen handlungsfähigen Staat ist lediglich die letzte einer Vielzahl von Kommissionen, die versucht, über den Abbau von gesetzlichen Vorschriften die klarere Zuordnung von Kompetenzen und durch die Einführung digitalisierter Verwaltungsprozesse die Bürokratie zu reduzieren. In den letzten Jahrzehnten haben Regierungen, Stiftungen und Interessenorganisationen in immer kürzeren Zyklen Sachverständigenräte, Expertenkreise und Arbeitsgruppen zusammengestellt, um Maßnahmenpakete zum Bürokratieabbau vorzulegen.[6] Nach der Vorlage des Forderungskatalogs gehen die Kommissionsmitglieder wieder auseinander, die Geschäftsstelle, die die Kommission unterstützt hat, wird aufgelöst, Unterlagen werden abgeheftet und in den Aktenkeller verfrachtet. Die Experten kehren in ihren wohlverdienten Ruhestand zurück oder konzentrieren sich wieder auf ihren Hauptberuf, bis sie in die nächste Entbürokratisierungskommission berufen werden.

Die von den Expertenkommissionen zum Bürokratieabbau produzierten Berichte ähneln in ihrer Machart dem üblichen Managementbestseller.[7] Der Einstieg besteht immer in einer dramatischen Schilderung der Ausgangssituation. Ein Staat ist nicht »wirklich verteidigungsfähig«, die Infrastruktur ist »marode«, die Versorgung mit bezahlbarer »Energie« gefährdet, Bund und Länder sind »verhakt«, die »Di-

3 Florian Meinel, *So sieht der Populismus der Eliten aus*. In: *FAZ* vom 12. April 2025.

4 Angelika Nußberger, *Auch Topleute dürfen lernen*. In: *FAZ* vom 15. April 2025.

5 Vgl. Stefan Kühl, *Und täglich eine neue Aktennotiz*. In: *FAZ* vom 24. April 1025.

6 Die Kommissionen werden normalerweise nach ihren Vorsitzenden benannt – die »Waffenschmidt-Kommission«, die »Schlichter-Kommission«, die »Mandelkern-Kommission«, die »Fuchs-Kommission«, die »Henzler-Kommission«, die »Stoiber-Kommission« oder die »Voßkuhle-Kommission«. Weil scheinbar nur Männer Vorsitzende von Entbürokratisierungskommissionen sind, kann man zumindest für Politiker annehmen, dass sie nicht nur einmal in ihrem Leben einen Baum pflanzen, ein Haus bauen und ein Kind zeugen, sondern auch einer Entbürokratisierungskommission vorstehen sollten.

7 Zur Machart von Managementbestsellern vgl. Stefan Kühl, *Managementmoden nutzen. Eine sehr kurze Einführung*. Wiesbaden: Springer VS 2025.

gitalisierung« wird verschleppt. Es wird darauf verwiesen, dass es dringend einen »Aufbruch« brauche, um mit »beherzten Reformen« in möglichst vielen Bereichen die Herausforderungen in den Griff zu bekommen. Angereichert werden die Berichte der Expertenkommission dann mit wohlklingenden Wertelisten, gegen die niemand irgendetwas haben kann.

Gesetzgebungsverfahren sollen »gründlicher«, »integrativer« und »transparenter«, Gesetze »innovationsoffener« gestaltet, die Verantwortung zwischen Bund, Ländern und Kommunen soll »besser« gegeneinander abgegrenzt werden. Die Wertelisten werden anschließend konkreten Handlungsempfehlungen hinterlegt, die mit Verweisen auf die »best practice« einzelner Unternehmen, Verwaltungen und Universitäten plausibilisiert werden. Am Ende wird ein Fahrplan vorgestellt, wie die Vorschläge umgesetzt werden können.

In dem vermutlich einflussreichsten Artikel zur Entscheidungsfindung in Organisationen haben Michael Cohen, James March und Johan Olsen darauf hingewiesen, dass Entscheidungen häufig nicht für identifizierte Probleme getroffen, dafür dann Lösungen gesucht und für deren Umsetzung dann Akteure verantwortlich gemacht werden.[8] Stattdessen schwirren die verschiedensten Probleme, Lösungen und Akteure in einem »Papierkorb« herum, die sich mehr oder minder zufällig miteinander verkoppeln. Wenn man gerade eine einflussreiche Person hat, die mit einem Posten versorgt werden muss, und gerade eine Stelle im Präsidium des Bundestags, im Vorsitz einer UN-Organisation oder in der Leitung einer staatlichen Behörde frei wird, dann finden die irgendwie zueinander, auch wenn nach außen so getan wurde, als wäre die Besetzung des Postens das Ergebnis einer systematischen Suche nach der am besten geeigneten Person.

Während es bei normalen Entscheidungsprozessen lediglich zur Verkopplung eines Problems mit einer Lösung und einem Akteur kommt, sind Expertenkommissionen ein wildes Sammelsurium aus Problemen, Lösungen und Akteuren. Weil es außer dem durch Amtszeiten, Wahlen und Regierungsbildungen vorgegebenen Zeitdruck und einer durch die Aufmerksamkeitsspanne der Leser beschränkten Seitenzahl keine Begrenzungen gibt, fließt dabei erst einmal alles Mögliche in den Handlungskatalog einer Kommission ein. Jede Expertin und jeder Experte versucht, dabei eine Duftnote zu setzen. Mit etwas Kenntnis der Debatte kann man dann einzelne Vorschläge im Bericht unmittelbar mit Namen einzelner Experten in den Arbeitsgruppen verknüpfen. Am Ende steht ein »Kessel Buntes«, in dem sich eine wilde Mischung aus Lieblingsideen und Spezialinteressen der Experten wiederfindet.

Durch die Kombination unterschiedlichster Problemwahrnehmungen, Lösungsideen und Experten kommt es zu Widersprüchen, die selbst bei einer oberflächlichen Lektüre auffallen. Der Organisationstheoretiker Herbert A. Simon hat mit Blick auf die immer umfassender werdenden Kataloge von Expertenratschlägen darauf aufmerksam gemacht, dass die landauf, landab propagierten Handlungsempfehlungen in der Politik, Wirtschaft, Wissenschaft oder Pädagogik wie Sprichwörter

8 Michael D. Cohen / James G. March / Johan P. Olson, *A Garbage Can Model of Organiza-tional Choice*. In: *Administrative Science Quarterly*, Nr. 17/1, März 1972.

funktionieren.[9] Für jedes Sprichwort lässt sich allerdings eine nicht weniger einleuchtende Redensart finden, mit der genau das Gegenteil belegt werden kann. Die Aussage »Gleich und gleich gesellt sich gern« überzeugt nicht weniger als die Feststellung »Gegensätze ziehen sich an«; »Jeder ist seines Glückes Schmied«, doch »Zusammen sind wir stark«. »Wer rastet, der rostet«, aber es gilt auch, dass in »der Ruhe die Kraft liegt«.

Da wird dann einerseits eine stärkere Autonomie von einzelnen Schulen bei der »Entwicklung von Lerninhalten« gefordert, gleichzeitig aber dafür plädiert, Lerninhalte wie »Medienkompetenz«, »Demokratiebildung« und »Wirtschaft« einzuführen. Kommunikationswissenschaftler fordern mehr Medienkunde, Politikwissenschaftler mehr (Be)Kenntnisse zur Demokratie, die Ökonomen mehr Wissen über Marktwirtschaft, Ingenieure mehr Angebote im Bereich der Informatik, Juristen mehr Wissen über das Rechtssystem. Man kann sich gegenüber solchen im Einzelfall immer nachvollziehbaren Interessensbekundungen sensibel zeigen, unterläuft damit aber die Vorstellung, dass die Schulen jenseits der Vermittlung von grundlegenden Kenntnissen ihre eigenen Schwerpunkte setzen können sollten.[10]

Ein anderer offensichtlicher Widerspruch besteht, wenn die Kommission auf der einen Seite eine stärkere »Verantwortungsübernahme« durch Einzelne einfordert, gleichzeitig aber die Bildung einer Vielzahl von neuen Koordinationsgremien anregt. Die Forderung nach einem »Klimakabinett« mit »eigener Geschäftsstelle«, einem »Nationalen Bildungsrat« oder einem »Nationalen Lagezentrum« ist nachvollziehbar, weil dadurch eine bessere Abstimmung in zentralen politischen Fragen versprochen wird. Gleichzeitig aber bedeutet die Einrichtung von kollektiven Entscheidungsgremien immer eine Diffusion von Verantwortung, weil nicht mehr eine Person, sondern mehrere Personen Entscheidungen treffen.[11]

Ein weiterer Widerspruch besteht schon in der Grundintention der Kommission. Einerseits will sie einen handlungsfähigen Staat, der »Innovationen fördert« und »Bremsklötze löst«, andererseits aber fordert sie bei der Entwicklung von Gesetzen die Einführung von Klima-, Energie- und Sozialchecks. Gegen die Förderung von Innovationen und das Lösen von Bremsklötzen wird – jedenfalls solange man nicht an einem Abhang steht – niemand etwas haben, aber es ist klar, dass Klima-, Energie- und Sozialchecks, deren Einhaltung vom Normenkontrollrat überwacht wird, erst einmal nichts anderes als mit besten Intentionen angezogene Bremsklötze bedeuten. Wie solche Checks zur Verlangsamung und Verkomplizierung von Entscheidungsprozessen führen, kann man in der Entwicklungshilfe beobachten, in der jedes geplante Projekt mit eigenen, durch Experten durchgeführten Prüfverfahren zur Konfliktprävention, Geschlechtergerechtigkeit, Nachhaltigkeit und Risikoprävention be-

9 Herbert A. Simon, *The Proverbs of Administration*. In: *Public Administration Review*, Nr. 6/1, Winter 1946.

10 Vgl. Jürgen Kaube, *Ist die Schule zu blöd für unsere Kinder?* Rowohlt Berlin 2019.

11 Lesenswert dazu Robert Jackall, *Moral Mazes. The World of Corporate Managers*. Oxford University Press 1988.

gleitet werden muss.[12] Aus der politikwissenschaftlichen Forschung wissen wir, dass die formale Einbeziehung verschiedener mit Mitzeichnungsrechten ausgestatteter Referate zu erheblichen Absenkungen des Ambitionsniveaus von Gesetzesvorhaben führt.[13]

Es scheint ein ehernes Gesetz der Kommission zu geben: Je größer der Expertenkreis, desto höher die Anzahl sich widersprechender Reformsprichwörter. Dass sich Widersprüche in die Expertenberichte einschleichen und deren Lektüre in der Regel kein intellektueller Genuss ist, liegt nicht an den Experten in einer Kommission. Sie sind kluge Denker, erfahrene Praktiker und nicht selten auch gute Schreiber.[14] Vielmehr ist der Bericht einer Kommission das Resultat der Arbeitsform. Er wird für gewöhnlich nicht von den Experten geschrieben. Diese sind häufig viel zu beschäftigt, um die Abstimmung eines gemeinsamen Textes mit einer Vielzahl von Personen zu koordinieren. Wenn man wissen will, von wem die Formulierungen in einem Expertenbericht stammen, sollte man nicht auf das Titelblatt schauen, sondern ganz hinten nachsehen, wer in der Geschäftsstelle der Stiftung oder Akademie für die Koordination der Kommission zuständig ist. Die Leistung dieser Mitarbeiter besteht darin, aus einer beachtlichen Anzahl von Impulsen einen Text zusammenzubasteln, dem am Ende alle Expertenmitglieder irgendwie zustimmen können.

Dieser Konsensdruck führt dazu, dass bei aller Dramatik in der Analyse der Ausgangssituation die Vorschläge seltsam weichgespült wirken. Es wird beklagt, dass die »Schere zwischen Kindern aus sozial schwachen Familien und Kindern aus sozial besser gestellten Familien sich bereits in frühem Kindesalter« öffnet, aber das heiße Eisen einer frühen Segregation in Hauptschule, Realschule und Gymnasium wird nicht angefasst und stattdessen zur Reintegration der vorher Segregierten ein soziales Pflichtjahr für junge Erwachsene verlangt. Die Forderung nach einer Entflechtung der Verantwortlichkeiten von Bund, Ländern und Kommunen wird nicht für konkrete staatliche Aufgabenfelder durchdekliniert, sondern stattdessen nur die Einrichtung einer »kleinen Bund-Länder-Arbeitsgruppe auf hoher politischer Ebene« gefordert.

Die Mischung aus Zeit- und Konsensdruck führt dazu, dass die ambitioniert vorgetragenen Empfehlungen sich faktisch auf die Forderung nach Gründung von weiteren Sachverständigenräten, Expertenkommissionen und Koordinationsgremien beschränken. Gerade weil alle grundlegenden Reformen der Ministerialverwaltung in den letzten Jahrzehnten gescheitert sind, sieht man das Heil in der Gründung von immer neuen, ressortüber-

12 Richard Rottenburg, *Weit hergeholte Fakten. Eine Parabel der Entwicklungshilfe*. Stuttgart: Lucius & Lucius 2002.

13 Klassisch Fritz W. Scharpf, *Positive und negative Koordination in Verhandlungssystemen*. In: Adrienne Héritier (Hrsg.), *Policy-Analyse. Kritik und Neuorientierung. Politische Vierteljahresschrift*, Sonderheft 24/1993. Für eine neuere Anwendung auf die Digitalpolitik in der Bundesrepublik Deutschland vgl. Stefan Kühl, *Anspruchssenkung, Verinselung und Gremienvervielfältigung. Problemlösungsstrategien von Ministerien bei Digitalisierungsvorhaben*. In: *Leviathan*, Nr. 53/1, 2025.

14 Zum Beispiel. Thomas de Maizière, *Regieren. Innenansichten der Politik*. Freiburg i. Br.: Herder 2019; Peer Steinbrück, *Unterm Strich*. Hamburg: Hoffmann und Campe 2010.

greifenden Koordinationsgremien. Es kommt zu einem permanenten Anbau neuer Gremien an eine dabei unangetastet bleibende Struktur der Staatsverwaltung. Die Vermehrung von Abstimmungsgremien, Koordinationsstellen und Serviceorganisationen führt letztlich zu einem erhöhten Koordinationsaufwand. Wenn man die verschiedenen in einem Themenfeld aktiven Verwaltungseinheiten, Koordinationsgremien und Expertenausschüsse grafisch darzustellen versucht, fühlt man sich an die Wimmelbilder der Kindheit erinnert, in denen man immer neue überraschende Details entdecken konnte.[15]

Selbst originelle Ideen einer Expertenkommission werden in den Formulierungen so abgemildert, dass es niemandem wehtut. Wenn eine spürbare Reduzierung von »Berichts- und Nachweispflichten« bei einer gleichzeitigen »deutlichen Erhöhung der Sanktionen« bei Verfehlungen gefordert wird, verbirgt sich dahinter die Hoffnung auf eine strikte Anwendung von Gesetzen, um den Bürger zu entlasten. Statt aber ein unpopuläres »Lob des Verbots« als Instrument zum Bürokratieabbau auszusprechen, wird die Idee durch die Rahmung eines »starken Staates«, der seinen Bürgern vertraut, bis zur Unkenntlichkeit kaschiert.

Dabei ist dieser Ansatz der Kommission interessant.[16] Der Verzicht auf Regulierung über gesetzliche Verbote und Vorschriften führt in den Organisationen paradoxerweise zu einer Überregulierung. Organisationen versuchen, mit möglichst detaillierten Regelwerken auf der sicheren Seite zu sein. Die Errichtung von formalen internen Prozeduren soll belegen, dass man die staatlichen Rahmenvorgaben in die eigenen Erwägungen miteinbezieht. Es werden eigene Stellen in der Hierarchie eingerichtet, die für das Aufsetzen der Prozeduren verantwortlich sind, und es wird Personal mit entsprechendem Expertenwissen rekrutiert.

Vieles, was als bürokratische Überlastung in Unternehmen, Universitäten, Krankenhäusern und Schulen beklagt wird, ist das Ergebnis der neuen staatlichen Regulierungsformen. Wenn dezentrale Einheiten sich beschweren, dass von ihnen regelmäßig Berichte eingefordert werden, dann liegt das daran, dass die Zentralen ihre Bemühungen im Bereich Umweltschutz, Energieeffizienz, Arbeitssicherheit, Geschlechtergleichstellung oder Exportkontrolle dokumentieren wollen. Wenn Geschäftsführer, Institutsleiter und Direktoren bemängeln, dass sie eine Vielzahl von Stellen nur einrichten, um den staatlich initiierten Berichts- und Dokumentationspflichten nachzukommen, dann kritisieren sie letztlich die Effekte einer Umstellung auf eine indirekte politische Steuerung. Dieser »Auditismus« eines nicht mehr verbietenden, sondern regulierenden Staats

15 Eindrucksvoll für das Themenfeld der Digitalpolitik die Darstellung des Normenkontrollrats www.normenkontrollrat.bund.de/Webs/NKR/SharedDocs/Downloads/DE/wimmelbild.jpg?__blob=publicationFile&v=2. Die Komplexität des Bildes profitiert stark von der zusätzlichen Verflechtung zwischen Bund, Ländern und Kommunen bei den Kompetenzen für die Verwaltungsdigitalisierung.

16 Vgl. Stefan Kühl, *Mehr verbieten! Selbststeuerung führt nicht zu weniger, sondern zu mehr Bürokratie*. In: *FAZ* vom 20. März 2025.

äußert sich für sie in einer gefühlten Überbürokratisierung.[17]

Aus Regulierungsperspektive ist das gesetzliche Verbot – der Tötung eines anderen Menschen, der Umweltverschmutzung oder der Missachtung von Menschenrechten – in den meisten Fällen eine bürokratiearme Form der Regulierung. Selbstverständlich müssen auch Verbote rechtssicher spezifiziert, ihre Einhaltung überwacht und ihre Übertretung sanktioniert werden. Die Adressaten eines Verbots haben es aber mit vergleichsweise wenigen bürokratischen Auflagen zu tun. Sie müssen lediglich die verbotene Praxis unterlassen, auch wenn diese für sie selbst Vorteile gebracht hat. Wer sich über zu viele Berichtspflichten neuer staatlicher Regulierungsformen erregt, sollte deswegen eine Renaissance des Arbeitens mit staatlichen Verboten als bürokratiearme Variante der staatlichen Steuerung ins Auge fassen.

Sicher kann man von einer Expertenkommission keinen von originellen Ideen strotzenden, konsistent argumentierenden und zugespitzt formulierten Text verlangen. Die Funktion der öffentlich verkündeten Berichte von Expertenkommissionen besteht nicht in der Produktion einer überzeugenden Blaupause für ein Problem, sondern in der Verstärkung politischer Forderungen, die sowieso schon im Raum sind. Die Frage ist nur, ob es nicht bessere Instrumente für eine Expertenkommission gibt, als in Arbeitsgruppen und Kommissionssitzungen eine Vielzahl von Lösungsvorschlägen zusammenzutragen.

Eine Alternative könnte darin bestehen, einen einzigen Experten – zum Beispiel einen ehemaligen Innenminister oder eine ehemalige Verfassungsrichterin – damit zu beauftragen, einen durchdachten und konsistenten Handlungskatalog zu erstellen und danach prominente Unterzeichner für diesen Vorschlag zu suchen. Weil mit wachsender Prominenz einerseits die Zeit für die intensive Arbeit in einer Kommission sinkt, andererseits aber das Bedürfnis wächst, mit dem Produkt einer Expertenkommission assoziiert zu werden, gibt es kaum Schwierigkeiten, Unterzeichner zu finden. In der Außendarstellung kann man später so tun, als wäre das Ergebnis das Produkt eines intensiven Austausches zwischen den Experten. Die Texte wären dann nicht das Ergebnis eines breiten Diskussionsprozesses, aber der Endbericht wäre mit Sicherheit origineller und konsistenter, als wenn alle versuchen, ihre Ideen irgendwie unterzubringen.

17 Zum Begriff des Auditismus vgl. Kristine Størkersen, *Auditism: Symptoms, Safety Consequences, Causes, and Cure*. In: Jean-Christophe Le Coze / Benoît Journé (Hrsg.), *The Regulator–Regulatee Relationship in High-Hazard Industry Sectors*. Cham: Springer 2024.

Recherche

Von Susanne Neuffer

Das ist nichts Schlimmes, sagte der Arzt.

Das wäre doch ein brauchbarer Anfangssatz, so einer wie *Aujourd'hui maman est morte* oder *Longtemps je me suis couché de bonne heure*. Um gleich mal klar zu machen, dass hier die Sprache des bereisten Landes eine gewisse Rolle spielt.

Er sagte: »Rien de grave. Man kann es einmal im Leben haben oder zweimal oder öfter. Es geht vorüber.«

Sie saß auf dem Hospitalbett und versuchte, den Arzt und die Medizinstudentin (eine schmale, entschlossene Juliette) durch ein Verhalten zu beeindrucken, das in älteren Texten »kregel« genannt würde. Sie glänzte mit aus der Tiefe aufschießenden idiomatischen Wendungen, argumentierte, gab präzise Antworten – so schien es ihr –, und das im hinten offenen Klinikhemd über den Jeans, vor sich den Beutel mit den persönlichen Gegenständen, der im Ernstfall den Angehörigen überreicht wird.

Die Erzählung kommt auf dem schmalen Grat zwischen passiert und imaginiert daher. Der Plot kann nicht mehr erfunden, sondern nur noch abgeschwächt oder aufgeblasen werden.

War es nötig, Prousts *Recherche* mit auf die Reise zu nehmen? Die beiden abgegriffenen ersten Bände der grauen Gesamtausgabe liegen wohl immer noch vorwurfsvoll auf dem Nachttisch der *chambre d'hôte* bei Mme Leblanc. Was für eine grimmige Ironie: Jetzt ist sie auf der Suche nach der verlorenen Dreiviertelstunde. Aber da geht nichts. Sie wird immer wieder auf einem Stück Baguette herumkauen und schwarzen Kaffee trinken und sich doch an nichts erinnern.

In allen Hospitälern der Welt – sofern sie Strom haben – wird abends das Licht noch gelblicher, als es den ganzen Tag schon war. Die letzten Patienten in der Notaufnahme resignieren auf ihren Rollbetten oder wandern verzweifelt vor ihren Aufbewahrungsboxen auf und ab, voller Angst, sich im falschen Augenblick zu entfernen.

Alle Tests hat sie bestanden, das Labor hat nichts gefunden, auch das Scannen des Kopfes hat nichts gebracht. Das ärztliche Personal hat inzwischen gewechselt und sieht keine Notwendigkeit für weitere Aktionen: Es gibt keine zuverlässig erforschte Ursache, keine Schäden, keine Therapie. Es geht vorüber, wie es der medizinische Name des Phänomens sagt. Transire, hinübergehen – hieß das nicht auch sterben?

Die Dreiviertelstunde am Beginn des Tages bleibt verschwunden, unrekonstruierbar. Ein Stück Leben ist in ein Loch gefallen, das sie sich wie einen ranzigen Beutel aus Marderfell vorstellt.

Es geht um den Zeitraum zwischen dem Abschließen der Zimmertür im Nebengebäude – R. war schon vorausgegangen – und der gemeinsamen Rückkehr an diese Zimmertür, die mit dem Suchen nach dem Schlüssel zusammenfiel. Dazwischen lag angeblich ein in freundlicher Atmosphäre abgelaufenes Frühstück im Haupthaus, gemeinsam mit einem weiteren Paar, das das andere Zimmer bewohnt hatte und nun abreisen würde. Es hatte – so R. – drei Sorten Marmelade gegeben, ausreichend

Baguette und Kaffee. Die Gespräche waren angeregt, die Paare saßen einander gegenüber, die Gastgeberin am Kopfende des Tisches. R. erzählte ihr später, sie habe lebhaft geredet, auch übersetzt, es sei um alles Mögliche gegangen, der Mann neben ihr sei ein pensionierter Geschichtslehrer gewesen.

Welcher Mann. Welches Paar. Was für ein Frühstück. Angeblich hat sie etwas gegessen und Unmengen Kaffee getrunken, immer wieder gesagt (in beiden Sprachen), sie müsse viel Kaffee trinken. Angeblich, ein Wort wie ein Angelhaken.

Auf dem Rückweg ins Nebengebäude habe sie mehrmals gefragt, wie lange sie hier bleiben würden.

Da ist ein großes Nichts, aber das Bild vom Loch stimmt nicht, es ist ein flächiges Nichts, wie ein leergeräumter Parkplatz. Im Zimmer stellt sie sich ans Fenster, sieht in den verregneten normannischen Garten mit seinen normannischen Apfelbäumen und sagt: Ich muss mich erst wieder zusammensetzen. Tage später scheint ihr eine nachgeschobene Proust-Lektüre recht zu geben: »*... und aus vagen Bildern von Petroleumlampen und Hemden mit offenen Kragen setzte sich allmählich mein Ich in seinen originalen Zügen wieder zusammen.*«[1] Das Bild ist schief, sie weiß, wer sie ist und wo sie ist, es fehlt ihr nur ein Stück Leben, für das sie keine Verantwortung übernehmen kann.

In der Stunde nach dem Ereignis bemüht sie sich um ein kontrolliertes, rationales Auftreten. Da jedoch alle Beteiligten einer Meinung sind, endet der Vormittag in der Notaufnahme des Hospitals der Nachbarstadt.

Da war noch die Sache mit dem Rucksack. Sie hatte ihren kleinen Rucksack, der auf dem Stuhl neben ihr lag, während des Frühstücks nicht erkannt, ihn verleugnet. Er war ihr offenbar sehr fremd geworden. Sie erzählt es dem Arzt, nicht ohne ihm mitzuteilen, das müsse das Gefühl sein, das Sartres Protagonist Roquentin verschiedenen Gegenständen, einem Baum und selbst eigenen Körperteilen gegenüber empfand. Sie ist stolz darauf, dass sie sich in dieser Situation an den Namen Roquentin erinnern kann und hofft, dass der Arzt es merkt. Er lächelt leicht, vielleicht erinnert er sich an seinen Literaturunterricht im Lycée, oder er ist einfach nur höflich.

Es ist ja nichts passiert, fast nichts. Nur ein kleines geselliges soziales Ereignis, noch weit unterhalb der Spielregeln einer *table d'hôte*, wurde gelöscht. Man grüßt, sucht seinen Platz, frühstückt, sagt ab und zu etwas, faltet die Serviette zusammen und verabschiedet sich. Sie hat das alles bewältigt, auch den Hin- und Rückweg. Ihr Gehirn hat die Szene vernichtet. Oder in einer unzugänglichen Falte verräumt.

Es gibt eine alte Grafik, die einen etwas knurrigen Fontane an der *table d'hôte* des Hotels Zehnpfund in Thale zeigt. Fehlt ihm etwas?

Von einer *table d'hôte* war aber keine Rede gewesen. Es war nur eine *chambre d'hôte*. Es gab ein Zimmer und ein allerdings gemeinsames Frühstück im Haupthaus.

Am Morgen nach dem Hospital-Tag bemüht sie sich, schon auf dem Weg hinüber und im Frühstücksraum Anhaltspunkte zu suchen, was aber nicht funk-

1 Alle Zitate (kursiv) aus: Marcel Proust, *Auf der Suche nach der verlorenen Zeit*. Bd. I: *In Swanns Welt*. Deutsch von Eva Rechel-Mertens. Frankfurt: Suhrkamp 1967.

tioniert. Der Geschmack der Marmeladen löst nichts aus. Offensichtlich ist man nur zu dritt, sie und R. und die Gastgeberin, die sich zu ihnen setzt und in beruhigender Absicht erzählt, ihr Mann habe einmal lange im Kuhstall gestanden und nicht gewusst, ob er in der letzten Stunde die Kühe versorgt hatte oder nicht. Überhaupt werden nun viele Geschichten folgen von Leuten, die das schon einmal oder immer wieder hatten und auch damit leben. Das ist kein Trost. Dass andere auch einen leeren grauen Parkplatz in ihrem Kopf haben, macht die Sache nicht weniger bedrohlich.

Man könnte diese Erfahrung ins Produktive, vielleicht sogar Ironische drehen. Es gibt eine Diagnose, die einen für einen begrenzten Zeitraum freispricht. In einer Dreiviertelstunde kann man einiges anstellen, Ladendiebstahl, Zechprellerei, Einbruch, Ehebruch, Tyrannenmord. Was würde juristisch daraus folgen, dass man nicht gestehen und sich auch nicht verteidigen kann, dass man ständig seine naiven Fragen wiederholt und bereit ist, zur Aufklärung beizutragen?

Sie erkennt den Versuch, dem Ernst der Lage auszuweichen, eine Verteidigungsschrift für das nächste Mal zu entwickeln. Wird das der Sprung in die Fiktionalisierung?

Gerne würde sie Siri Hustvedt anrufen. Man kann Siri Hustvedt nicht einfach anrufen. Man kann das Buch von Siri Hustvedt lesen, in dem sie das Zittern bearbeitet, das sie befällt, wenn bestimmte Gedächtnisinhalte auftauchen. Der Tod des Vaters. Die Trauer. Aber dort tauchen Erinnerungen auf, sie verschwinden nicht. Vielleicht wird sie Siri Hustvedt eines Tages eine Mail schreiben. Siri Hustvedt hat jedoch anderes zu tun, als Fan-Mails zu beantworten, sie trauert um ihren Mann, was soll sie da mit einer Anekdote über ein verlorengegangenes Frühstück anfangen.

Es war ein Fehler gewesen, in diese Gegend zu fahren.

Proust hätte sie auch vor der Reise lesen können: *»... es ging mir wie denen, die sich auf die Reise begeben, um mit eigenen Augen eine Stadt ihrer Sehnsucht zu schauen, und sich einbilden, man könne der Wirklichkeit den Zauber abgewinnen, den die Phantasie uns gewährt«*. Sie hatte sich nicht an Saint Martin-les-Roses erinnern wollen, sie hatte den Namen weggeschoben und gesagt, lass uns lieber nach rechts fahren, in das andere Dorf. Dort war nichts als Schönheit, ländliche Stille, kein Strand, aber ein Dach über dem Kopf und dieser Frühstücksraum.

Es gab kein Trauma, kein Drama, das sich auf Saint Martin-les-Roses bezogen hätte, nur eine Erinnerung an einen Urlaub mit Laurens, sie waren jung, hatten kein Geld, aber ein Zelt, einen kleinen VW, keine Ansprüche oder nur ganz große. Irgendwie war immer alles gut gegangen, die nächtlichen Fahrten durch das unbeleuchtete Land mit seinen kleinen Städten, wo es nur an der Mairie und dem Kriegerdenkmal vor der Kirche ein wenig Licht gab, bevor sie wieder auf die dunkle Landstraße hinausfuhren. Kleine Städte und leere Landstraßen, man kannte ein paar Namen und fuhr einfach nach Westen. Sie war damals gerne gefahren, in den Städten und Dörfern immer zu schnell, auf den Landstraßen zu zögerlich.

Als man einfach vor der Kathedrale von Chartres oder vor dem kleinen Ausstellungsraum parken konnte, der damals den Teppich von Bayeux enthielt. Als die Dinge nicht umstellt waren.

Die Sache mit dem Rucksack, der neben ihr auf dem Stuhl saß, verspricht eine minimale Resterinnerung. Das leichte Ekelgefühl beim Anblick des Rucksacks lässt sich reproduzieren. Sie hat sich in der Situation angeblich überzeugen lassen, dass das ihr Rucksack sei, hat wohl auch nachgefühlt und im vorderen Fach zwei Stifte gefunden, was sie zum nachgiebigen Verstummen gebracht hat. Sie muss sie als Beweisstücke akzeptiert haben.

Dieser Moment des Erinnerns – auf einer Strecke von einem Meter wäre er nur ein paar Millimeter lang – kann auch eine Täuschung sein, produziert, nachgeliefert durch die wiederholte Erzählung von R: Du hast deinen eigenen Rucksack nicht erkannt.

Proust führt nicht recht weiter, stattet die Notlage jedoch mit einem gewissen Glanz aus.

»Eine schwere Ungewissheit tritt ein, so oft der Geist sich überfordert fühlt, wenn er, der Forscher, die dunkle Landschaft ist, in der er suchen soll und wo das ganze Gepäck, das er mitschleppt, keinen Wert für ihn hat.«

Sie würde doch gern mit Siri Hustvedt sprechen. Sie hat sie auf Youtube in einem Workshop gesehen, den sie für eine Gruppe von schreibenden Frauen gehalten hat. Hustvedt war von großer blondgesträhnter souveräner Liebenswürdigkeit und sprach über »memory« und »imagination« – über den unauflöslichen Zusammenhang zwischen beiden.

Und wenn es schon mehrere solcher Episoden gegeben hätte? Ohne einen Zeugen, der sie ihr berichtet, der ihr Kontrollfragen stellt? Wenn ja, mussten sie unbedeutend gewesen sein, weil folgenlos. Sie stellt sich vor den verschnörkelten Spiegel und sagt, weil sie sich gerne in der Ersten Person reden hört: Ich habe bisher niemanden tätlich angegriffen, beleidigt, ich habe nicht auf Tischen getanzt und dabei eine Revolution ausgerufen. Man hätte mir davon erzählt. Eine regionale Tageszeitung hätte berichtet: Ein Pferd wurde aufgeschlitzt, ein Strommast umgelegt, eine Heiligenfigur aus der Dorfkirche mitgenommen, der Rennwagen eines Ministers mit Farbe beschmiert ...

Was würde sie sich zutrauen? Worauf wäre sie stolz?

In der Nüchternheit eines normannischen Urlaubsmorgens ging also ein Teil von ihr verloren auf dem Weg zwischen Nebengebäude und Hauptgebäude. Oder schon auf der Treppe. Vielleicht käme die Erinnerung zurück, wenn sie den Weg immer wieder gehen könnte, Schritt für Schritt, an den Mauern und Hecken entlangstreifend, barfuß.

Vorsichtig erzählt sie am Telefon Marta davon und zieht selbst einen Vergleich mit einer Narkose oder einer Ohnmacht. Da fehlt doch auch etwas hinterher, und wir erschrecken nicht.

Bei einer Narkose stimmst du im Normalfall zu, sagt Marta. Da bist du einverstanden. Und eine Ohnmacht ist kurz.

Sie erinnert sich: Eine Ohnmacht ist ein kurzes Rauschen in den Ohren, ist tief und machtvoll wie der Rheinfall von Schaffhausen, und schon ist man wieder da.

Auch die unlogischen Blockbuster, die im Schlaf abgespielt werden, werden wieder vergessen; es gelingt selten, Reste der Traumerzählung, zerrupfte Fäden, wieder zusammenzubinden. Nur bei Alpträumen glückt das Erinnern einer einigermaßen abgeschlossenen Erzählung.

Sie betrachtet ihr iPhone. Albertine – so haben sie die unbeholfene Frauenstimme genannt, die keine französische Aussprache kennt und die Namen der Straßen auf unheimliche Weise verstümmelt – Albertine hat sie tagelang über schnellste Strecken gehetzt, Abweichungen von den großen Straßen boykottiert und sinnlose Anweisungen ständig wiederholt. Die Frage, was der Gebrauch des Geräts im Gehirn auslöst, zusammen mit der Überwältigung durch einen Straßenverkehr, von dem man sich nicht freisprechen kann, bleibt ungeklärt und auf jeden Fall ein wenig verdächtig, von peinlicher Rückständigkeit.

Der Arzt war irgendwann gegangen, aber es hätte wohl wenig Sinn gehabt, ihm zu erzählen, dass sie oft bei laufendem Radio schläft. Ein ausgewählter Sender, dessen Sprecherstimmen sie inzwischen gut kennt, begleitet ihr Einschlafen, ihren Schlaf. Manchmal bekommt sie den Übergang von einer Sendung zur nächsten noch am Rande mit. Es könnte etwas mit ihr machen. Ein zweites Programm läuft in einem Teil des Gehirns weiter, während der Rest versucht, in die Tiefe zu sinken, so wie sie auch zwei Handschriften hat. Sie stellt sich vor, wie der Arzt höflich und ratlos den Kopf hin und her wiegt. Sie wird damit aufhören. In Zukunft. Sie wird versuchen, eine einzige, ganze Person zu sein.

Es gibt Nachwirkungen. Ihre Fähigkeit, sich zu entspannen, war schon vorher nicht besonders entwickelt, jetzt ist sie ihr fast ganz abhandengekommen. Sie ist schnell erschöpft, kann noch weniger Menschen vertragen als sonst, ist antriebslos und gleichzeitig bereit, lange Wanderungen zu machen und in kalten Gewässern zu schwimmen. Das Netz bietet Stressabbau und Yoga an, es gibt keine Therapien. Man kann natürlich Vitamine essen. Oder eine Fleischkäsesemmel mit Senf. Vielleicht würde die endlich die Vergangenheit wecken, weil ihr Geschmack, fett, warm, salzig, eine verborgene Analogie herstellt?

»Ob wir diesem Gegenstand aber vor unserem Tode begegnen oder nie auf ihn stoßen, hängt einzig vom Zufall ab.«

Sie hat die Sprache des Landes vorher (es gibt jetzt immer ein Vorher und ein Nachher) nie gut beherrscht. In Gegenwart von Romanisten und Französischlehrern ist sie meist verstummt. Ihr Französisch war eine in Jahrhunderten gereifte Papiersprache, sorgfältig erarbeitet, angelesen, im mündlichen Gebrauch unzuverlässig, unbeholfen. Nun aber redet sie ungeniert vor sich hin, Redewendungen steigen wie leicht hochgerülpste Bläschen aus der Kehle, und offenbar hat ihr Sprachvermögen auch in der seltsamen Zwischenzeit zwischen Vorher und Nachher hervorragend funktioniert.

Sie wird die Biografien der Heiligen nachlesen, denen man epileptische Anfälle oder plötzliche Sprachenvielfalt nachgesagt hat. Vielleicht hat sich im Frühstücksraum von Mme Leblanc ein halbherziges Pfingstwunder unter Stressbedingungen ereignet, das nach Anerkennung verlangt.

Ein Gehirn, das sich weigert, etwas aufzunehmen oder Aufgenommenes im üblichen Rahmen aufzubewahren, müsste doch – menschlich gedacht – einen Grund dafür haben. Traumata aller Art kämen infrage, aber sie findet nichts außer den durchschnittlichen Unglücksfällen, die ein durchschnittliches Leben begleiten. Lange Jahre war das größte Unglück, an das sie sich erinnern konnte, die Verschleppung ihres Puppenwagens durch betrunkene Fußballfans. Der Puppenwagen wurde ein paar Straßen weiter noch am selben

Abend wiedergefunden. Menschen starben, es gab Trennungen. Nichts, was nicht allen passiert. Aber die anderen vergessen deswegen noch lange nicht ihr Urlaubsfrühstück mit netten Leuten und drei Sorten hausgemachter Marmelade. Sie vergessen erst am Ende ihres Lebens, und dann kontinuierlich und konsequent, bis das Vergessen sie umbringt.

Manchmal spricht sie – nachdem sie mehrere Dokumentationen zum Thema gesehen hat – mit ihrem Hippocampus, sie spricht mit dem doppelten Seepferdchen, das immer so leuchtend blau aussieht, und bittet es, wachzubleiben. Die Formel, die sie in einer Morgenandacht im Rundfunk hört, gefällt ihr: Mache dich mein Geist bereit. Nicht abschalten, bitte.

Was ist so unerträglich an diesem Frühstück, dass es gelöscht werden muss? Oder: Dass es nicht aufgezeichnet werden konnte? Durfte?

Der Schlüssel könnte doch bei der *table d'hôte* liegen …

»Ich setze meine Tasse nieder und wende mich meinem Geiste zu. Er muss die Wahrheit finden.«

Sie sitzt mit R. im Grand Hôtel Cabourg, denn irgendwie muss aus dem Rückweg noch etwas Tröstliches, Spektakuläres gemacht werden, und zerkrümelt auf dem winzigen Tablett neben der Espressotasse ein paar Madeleines. Später wird ihr jemand erzählen, dass die Madeleines im Originalmanuskript Biscottes waren. Zwieback. Ändert das etwas? Sie sollte irgendwann darüber nachdenken.

Vor dem Hotel dreht sich das Karussell mit den Schaukelpferden und Kutschen, wohl ein osteuropäischer Nachbau, denkt sie kleinlich, aber da ist ein kleines Flugzeug, das sich mitdreht. Nachtflug, kleiner Prinz, hellblaue Flügel, gleich werden wir in der Wüste landen.

Proust nervt. Sein Beschreibungswahn, seine Mutterfixierung. Ein Einfall – ein Leben lang ausgewalzt. Es tut gut, so zu denken. Die Frage des Arztes: Hat man Ihnen gesagt, Sie hätten sich mehrfach wiederholt?

Cabourg ist nass und kalt.

Wenn Siri Hustvedt schon nicht zurückruft, wird sie T. C. Boyle für die nächsten Schritte zu Gevatter bitten. Wer so wütend sein kann, ist möglicherweise ein hilfreicher großer Bruder. Aus der Randspalte einer Zeitung, die hinten im Auto liegt, rät er: Man muss mit der Katastrophe Schritt halten.

Zurück zur *table d'hôte*. Die Recherche führt zunächst nicht sehr weit. Aus dicken Büchern schmort ein bescheidener Konsens zusammen: Ein paar Menschen essen gemeinsam an einem langen Tisch, unter Aufsicht einer Gastgeberin. Sie benehmen sich angemessen und sachkundig, in schlichten Großstadtpensionen im 19. Jahrhundert vielleicht etwas ruppiger, missgünstiger, weniger eingehegt durch Geschmackssicherheit und Stilempfinden.

Hatte das Kind, das sie war, einmal an einer *table d'hôte* gesessen, was die Fixierung auf das Modell und die beharrliche sprachliche Verwechslung mit einer *chambre d'hôte* erklären könnte? Ein Bild taucht auf: wenige Kartoffeln in einer silbernen Schüssel. Ein weißgedeckter Tisch mit Blick auf einen See, Sonne auf dem Tischtuch. Sonne flimmert auf dem See, aber auch auf der Schüssel. Das Kind hat noch Hunger, aber es soll nicht unbescheiden sein. Die Schüssel wird weitergereicht, die Erwachsenen reden laut, quer über den Tisch, sie lachen viel. Vor allem lacht die Mutter, sie ist in ihrem Element. Der Vater lächelt angestrengt, für ihn ist der Mittagstisch in der Villa am See Arbeit, obwohl er Urlaub hat. Er will wieder raus, in den Liegestuhl am Bootssteg und auf die Berge schauen, die mit diesem Gepäck nicht erreichbar sind.

Die wirklichen Sehnsüchte stehen quer zur *table d'hôte*.

Einmal wollte R. sie beide zu einem Candle-Light-Dinner anmelden, vor Jahren, auf einer der Kanalinseln. Sie hat sich geweigert, und so landeten sie in einem Pub, in dem es nur Bier und Chips gab. Es wurde ein glücklicher Abend, gelb, fettig, rauchig.

Wochen später, in dem unterfränkischen Dorf laufen ihr die Tränen herunter, als sie vor dem kleinen Edeka-Laden die groß und blau aufgemalten Buchstaben auf dem Pflaster sieht: Vergiss mich nicht, wenn ich dich vergesse. Bayerische Demenzwoche.

Es ist ein anderes Thema, ja ja, und doch.

Die Prozesse

Von Marius Goldhorn

Ezra hat diese Online-Persona, sie heißt Deborn. Er hat mehrere Blogs, er kommentiert alles, er schreibt über alles. Deborn hat kein Gesicht. Früher waren seine Profilbilder Landschaften in Okzitanien, wo es seit einigen Jahren ununterbrochen regnete. Erst nach der Psychiatrie hat er sein Profilbild zum *Angelus Novus* geändert, ein Gemälde von 1920, halb Kind, halb Menschenfresser.

Früher hatte Deborn über das Sechste Massenaussterben geschrieben, das Artensterben, über das Aussterben der Menschen, eine unbemerkte, surreale Geschichte ohne Struktur, ohne Höhepunkt und ohne Auflösung. Später wurde das Aussterben für ihn zur absoluten Chiffre, zum Geheimnis aller Zustände. Er kam zur Überzeugung, dass das Nachdenken über das Aussterben zum Zentrum unserer Kultur werden müsste. Deborn war der Aussterbe-Engel. Er hatte diese kultartige Anhängerschaft. Online gab es Foren, die versuchten herauszufinden, was Deborn wollte.

Ezra amüsiert das. Er tippt in sein altes Smartphone. Er ist von diesem seltsamen Licht durchbohrt, wenn er schreibt.

Zwei Tage vergingen. Ich spazierte unter einem Regenschirm den Strand entlang, über den harten Sand. Ich besuchte eine Sauna-Landschaft. Ein altes flämisches Ehepaar sprach miteinander, und ich stellte mir vor, wie sich ihre Worte im Wasserdampf auflösten. Ich weiß nicht mehr, was sonst passiert ist. Ich habe keine weiteren Aufzeichnungen von diesen zwei Tagen, keine Fotos, keine Videos, keine Nachrichten, die ich verschickt habe.

Am frühen Morgen des 18. Septembers, ein Mittwoch, kauften wir online Tickets für den ersten Ostende-Brüssel-Express. Ezra bewegte sich etwas umständlich unter dem Hotel-Regenschirm, aber man sah ihm nicht an, dass er fast eine Woche im Bett gelegen hatte. Vor dem Bahnhof von

Ostende verteilte eine Frau in einem hellgrauen Mantel rote Mohnblumen aus Plastik. Regentropfen liefen die Gläser ihrer randlosen Brille hinab. Wir nahmen zwei mit, aber ließen sie später im Zug liegen.

Ich sah über die verregneten Wiesen und Felder Flanderns. Mir war kalt, ich atmete und ich war froh. Worüber? Ich liebe Regen, ich liebe das Grün dieser Wiesen und Felder.

Kurz vor der Ankunft am Nordbahnhof kam eine Durchsage, an welchem Schalter man sich melden musste, wenn man Anderlecht betreten wollte.

»Sie scheinen immer noch zu kämpfen«, sagte ich. Ezra nickte. Es war ein Video aus einem Internierungslager in Libyen geschmuggelt worden. Nicht nur in Brüssel hatte es Proteste gegeben, auch in anderen Städten Europas, überall, wo es ging.

»Sie haben es immer noch nicht geschafft«, sagte er. Seit Tagen war Anderlecht abgeriegelt. Autos brannten, das Einkaufszentrum Westland brannte, vermummte Männer auf Motorrollern hatten im Europaviertel verzweifelt Verantwortliche gesucht. Ezra und ich sahen uns eine *BBC*-Zusammenfassung an.

Wir fuhren langsam in Brüssel ein. Ich sah die Kirchtürme und die Glastürme vor den Friedhöfen, die Stadttore, die Schornsteine, den Rauch, der sich im dunklen Regen ausdehnte.

Im Zug kam die nächste Durchsage, Informationen zur Saison au Congo, einem Stadtfest zum Gedenken an die kongolesische und afrikanische Befreiung vor siebzig Jahren, das am Wochenende beginnen sollte.

»Willst du dahin?«

Er zuckte mit den Schultern.

»Bea hat mich gefragt, ob wir gehen.«

»Natürlich gehen wir«, sagte er, ohne aufzusehen, als ob er sich selbst überzeugen wollte.

Der Holunder vor dem Nordbahnhof war im Sturm der letzten Tage zusammengebrochen. Der Regen spülte die schwarzen Früchte, Zettelchen, Essensabfälle, Plastikfetzen in die Stadt. In mir waren immer noch die Bilder von Ezra, wie er in den kalten grauen Wellen verschwunden war. Stadtangestellte in seuchenschutzartigen Regenanzügen sägten den Holunder klein.

»Wird er wiederkommen?«, fragte ich.

»Wer?«

»Der Baum.«

»Der Holunder?«

»Ja.«

»Nein, ich glaube nicht.«

Eine Bettlerin mit amputiertem Arm kam auf uns zu. Sie hielt uns eine Plastik-Karte hin, auf die ein QR-Code gedruckt war. Ezra gab ihr eine Zigarette und scannte den Code. Er zeigte mir sein Smartphone, es lief Werbung für ein Genetik-Start-up von Nestlé. Eine Frau lief durch einen weißen Flur. Ich hatte das alles verdrängt.

»Wo geht sie hin?«, fragte ich.

Die Bettlerin wies mit der Hand in einen überschwemmten Bahnhofstunnel. »Kommt mit, hier geht es durch«, sagte sie in einem irgendwie sanften Ton.

»Ist gut«, sagte Ezra, und ich winkte auch ab. Wir verabschiedeten uns am Eingang zur Metro. Er roch medizinisch und nach Zigaretten. Wir küssten uns schnell und heimlich.

»Kommst du heute Abend?«

»Ja, ich denke, ja«, sagte ich.

Ezra nahm ein Taxi zum Arzt. Ich folgte den schwarzen Schläuchen, die Regenwasser aus der unteren Gleisebene pumpten, und ging durch die aufgetretenen Ticket-Schranken. Auf der Plattform quoll braunes Wasser aus den Gittern am Boden. Ich stieg idiotischerweise in den Zug, nach einer Station mussten wir im Tunnel halten. Dann fuhren wir zurück zum Bahnhof, es dauerte alles viel zu lange. Ich hatte keine Zeit mehr, in meine Wohnung zu kommen. Ich lief durch diesen irren Regen in die Innenstadt, irgendwohin, wo es Internet gab.

Im Le Pain Quotidien öffnete ich auf dem Laptop den Link, den mir Arianna von LAIN / Ra, den Entwicklern von Egregore, geschickt hatte. Ich saß an einem rustikalen Bäckerei-Tisch, in meiner Erinnerung liegt Mehl auf ihm, aber das kann nicht stimmen. Ich wartete in der Online-Lobby auf Arianna. Ich war froh, dass wir uns online trafen. Ich trank Kaffee.

Ich war 3D-Artist. Ich entwarf Landschaften. Ich richtete Simulationen ein. Erst hatte ich in Brüssel bei einem Studio gearbeitet, aber jetzt war ich frei. Ich war gut in meiner Arbeit, so wie ich arbeitete eigentlich niemand mehr. Ich machte alles per Hand. Bald würde dieses Handwerk in eine Liste ausgestorbener Berufe aufgenommen werden, wie Goldschläger oder Postbote. Übrig würden nur die Namen bleiben. Namen bedeuten nichts. Ich liebte das meditative Manipulieren von Objekten, sie der simulierten Schwerkraft zu unterwerfen, Orte zu bauen, die es nicht gibt. Ich hatte mein ganzes Leben am Computer verbracht. Früher hatte ich Stadtszenarien entworfen, aber seit einiger Zeit wurde alles, was ich machte, automatisch ein Wald oder ein Garten oder eine Pflanze.

…

Wir verließen N8 in der Dämmerung. Es war kühl, ich machte meinen Parka zu. Sofort waren wir Teil eines Stroms von Menschen, der uns in Richtung Innenstadt zog. Ezra sah um sich, er hatte eine unbekannte Kraft nach der Behandlung. Er weiß nicht mit überschüssiger Kraft umzugehen, dachte ich.

Wir lösten uns aus dem Strom und beobachteten die langen Schlangen, die sich an den Checkpoints bildeten. Eine Lautsprecherstimme wiederholte, man solle seinen Ausweis bereithalten. Ezra sah mich fragend an. Wir entschieden uns, über Molenbeek in die Innenstadt zu gehen. Ezra konnte sich nicht in Massen bewegen. Er war jemand, der nur an den Rändern der Marktplätze existieren konnte, im Tempel.

In Molenbeek wurden aus Kellerfenstern Getränke verkauft. Vor der Saint-Jean-Baptiste-Kirche standen Menschen dicht an dicht und hörten einem hageren Mann in Cordsakko zu, der auf einer Lkw-Bühne eine Rede auf Arabisch hielt. Polizisten hatten die Zugangsstraßen mit Wagen blockiert und versuchten, den Strom der Menschen zu regulieren. Hilda hatte das Azar geschlossen. Fenster und Türen der Geschäfte waren mit Spanplatten vernagelt.

Ezra und ich stellten uns letztlich an einem der Checkpoints in der Nähe des Petit Château an. Kinder bettelten und verkauften den Wartenden Feuerzeuge und Taschentücher. Ezra gab einem Kind ein paar von den Kondensatoren. Das Kind sah in seine Hand und war entrüstet, aber steckte sie ein. Ich suchte nach meinem Kondensator in der Tasche, fand ihn nicht und vergaß ihn im Gedränge wieder. In dem Checkpoint, einer Blechhütte, ging ich durch einen zerstörten Metalldetektor, die Überwachungskamera war mit schwarzem Lack blind gemacht worden. Wir überquerten den Kanal und liefen in die Innenstadt.

Gelbe und blaue Lampions waren zwischen den Fassaden der Altstadt gespannt. Menschen mit Mojitos sammelten sich vor Bühnen. Wir tranken ein Bier bei den Free Women of Sudan und gingen weiter. Wir waren mit Bea verabredet.

Auf den Treppen der Börse stand eine Gruppe junger Männer, unter dem scharfen, roten Licht bengalischer Feuer, die sie über sich streckten. Sie hatten einen Speaker mitgebracht. Über einem langsamen Bass lagen hallende Kirchenglocken. In ihrer Mitte stand ein Junge in grünem Umhang und mit weiß geschminkten Augen. Er zerschnitt die Luft mit einer Machete.

»Die sind aus Anderlecht«, sagte Ezra.

»Aber wie sind die hergekommen?«, fragte eine Frau neben uns. »Ich dachte, Anderlecht ist abgeriegelt.«

Die Schönheit der Aufständischen, denke ich heute, zeigte sich in einer Unbekümmertheit und Unverschämtheit gegenüber denjenigen, die sie gedemütigt hatten. Sie waren gütig zu den Leuten, die mit ihren gelben und pinken Getränken an ihnen vorbeizogen. Ein paar Polizisten in Zivil lösten sich aus der Menge und nahmen sie fest, versanken mit ihnen zwischen den Menschen, tauchten wieder auf. Andere hielten die Polizisten fest. Die Jungen rissen sich los und verschwanden.

…

Am Montag, den 30. September, lief ich zu meiner Wohnung und rief Bea an, sie ging nicht ran. Der Himmel war dunkelgrau, es war kühl. Ich hatte das Bedürfnis, mit irgendjemandem über Ezra und den 22. zu sprechen. Ich wusste nicht, worauf genau dieses Gespräch hinauslaufen sollte, und ich wusste nicht, an wen ich mich wenden sollte. Ich hatte versucht, die Kündigung der Wohnung rückgängig zu machen, aber das war nicht mehr möglich.

Eine deutsche Polizei-Einheit, die vor meiner Wohnung stationiert war, grillte Bratwürste im offenen Kofferraum eines Polizei-Vans. Sie hatten ihre Rüstung abgelegt und aßen und rauchten.

Nachdem ich meine Kleider in Müllsäcke gepackt hatte, sah ich mich im Spiegel des kleinen Badezimmers an. Mir hingen lange dunkle Strähnen ins Gesicht, ich hatte einen Pickel am Lippenrand, mein Mundwinkel war eingerissen. Ich trug einen Seidenschal, als Kopftuch gebunden, wie ein armes Tantchen sah ich aus. Warum wollte ich mich zu jedem gegebenen Anlass verkleiden? Ich nahm das Tuch ab, glättete mir mit Wasser die Haare und mistete weiter aus. Ich zog alles noch einmal an, machte Fotos. Ich interessierte mich mehr für Mode als die meisten Menschen, also hatte ich auch die Fähigkeit, schlimmer auszusehen als die meisten Menschen.

Es dauerte Stunden. Ich setzte mich an den Schreibtisch. Ich hatte ihn nie wirklich benutzt, eigentlich arbeitete ich auf dem Boden. Es war schon dunkel, als ich ein leeres Dokument auf meinem Laptop öffnete. Ich wollte mich erinnern. Ich musste mich erinnern. Ich sah mir ein Foto von Ezra in Ostende an. Ich hatte es von ihm gemacht, als wir den Strand verlassen hatten, als der Sturm aufzog. Er stand auf den weißen Decken, im Wind. Er sah schön aus, traurig und friedlich und bleich, irgendwie übernatürlich.

Mir fiel dieser heftige Lichtwechsel vom Blau des Morgens zum Gelb des Gewitters ein. Vielleicht schrieb ich REGEN, weil ich diesen Moment vermisste. Ich schrieb: »Wir konnten nicht schlafen.« Vielleicht wollte ich sehen, wie viel sich auffangen ließ. Ich bin mir nicht sicher, ob es wirklich mein Wunsch war zu schreiben oder ich Ezras Begehren zu schreiben nachahmte. Ich wollte gegen diesen Impuls in mir vorgehen, alles immer sofort in einem Bild zu erfassen. Ich hasste es an mir, dass ich so schnell aburteilte, immer dachte, dass ich alles intuitiv verstehen könne. Ich wollte mir Zeit lassen, nach und nach die Notizen, Nachrichten, Fotos sortieren und begreifen, was sich veränderte. Ich zwang mich, zu erinnern, ich durfte nicht mehr alles verdrängen. Ich wollte darauf achten, was zwischen Ezra und mir geschah, was ich nicht mehr mitmachen wollte. Ich wollte mich nicht mehr herumschubsen lassen. Ich will wissen, was passiert, was passiert ist.

Nach ein paar Stunden rief ich den Sohn der Vermieterin an und sagte, ich würde ihm, wie verabredet, den Schlüssel in den Briefkasten werfen.

Die Polizisten durchwühlten die Kleider in meinen Zu-verschenken-Kisten, einer legte sich einen roten Schal um und begutachtete die Porzellantassen. Auf dem Rückweg sah ich Menschen auf der anderen Kanalseite, die Eimer ins Wasser hinabließen. Ich besaß jetzt nur noch ein paar Kleider, meinen Laptop, mein Smartphone, Schmuck meiner Mutter und Fotos von ihr, alles in vier blauen Ikea-Tüten.

Auf dem frühsten Foto, das ich von meiner Mutter besitze, ist sie siebzehn oder achtzehn, kurz bevor sie das erste Mal geheiratet hat. Sie steht in einem orangen Sari auf einem sandigen Hügel, wahrscheinlich in Holland. Am unteren Rand des Fotos hatte sie das Wort »Selbst« eingeritzt.

Ich habe mir immer gewünscht, dass Ezra mich zu seinem Vater mitnimmt, in ihr Ferienhaus nach Kanbo, einem Kurort im Baskenland mit Barockgarten und einem Flüsschen, an dem wir unkonzentriert Bücher lesen und auf den von Ezras Stiefmutter selbst bestickten Decken sitzen würden. Ezras Vater, der pensionierte Diplomat, würde mir Geheimnisse der internationalen Politik erzählen und uns kalten Cidre servieren und später würden wir ins Thermalbad gehen und mit baskischen Rentnerinnen schwimmen. Ich hätte Sodbrennen vom Cidre und vom Schwimmen. Ezra würde denken, dass ich ihn nicht küssen wollen würde, und so hätte ich Macht über ihn, weil ich ihm widerstehen konnte, aber eigentlich lag es am Cidre und dem Schwimmen.

Ezra hatte in N8 aus Langeweile Valium genommen und Wein getrunken, er schlief durch einen Film durch. Als er wach wurde, schüttete er sich Wasser in den Schoß und sagte: »Du siehst süß aus.« Mir wird nichts entgehen, dachte ich. Er machte mir Hoffnung, mich in ein langfristiges Projekt einzuspannen. Ich begann noch mehr zu notieren, auf meinem Smartphone, getarnt als Nachrichten, die ich an mich selbst schrieb.

Ein paar Tage vergingen. Ich arbeitete an den Modellen für Egregore. Ich hatte begonnen, eine große, kapellenartige Trauerweide zu entwerfen. Ezra erzählte mir von den Trauerweiden in den Oasen der Wüste Gobi. Ich bin sehr dankbar für alles, was er mir beigebracht hat. Als die Weide fertig war, schmückte ich das Innere der Krone.

Ich hatte im Besetzer-Radio von den kleinen Altären gehört, die am See im Leopoldpark und in den Museumsgängen errichtet wurden, kleine Tempel aus Stöcken,

Blättern, Steinen, Eierschalen, Plastik und Museumsartefakten. Ich wollte so etwas für die Dion in Egregore erschaffen. Ich hängte Bilder in gläsernen Rahmen in die Zweige, an Fäden, so dass sie sich drehten im Wind, sie sahen aus wie antike, goldene Harfen, schwebend, hinter den langen Zweigen. Das Gemälde von Ensor aus dem Hotelzimmer in Ostende, das Bruegel-Gemälde, auf dem im Hintergrund das Porte de Hal abgebildet war, die Ermordung Caesars, das berühmte Foto von Lumumba am runden Tisch in Brüssel, das Foto von Deborn und mir aus dem It und andere Relikte, die mir damals wichtig waren. Es dauerte alles. Das Internet Archive war wieder down, es wurde ja immer von allen Seiten angegriffen. Ich hörte ausschließlich das Besetzer-Radio. Ich hatte begonnen, meine Social-Media-Accounts zu löschen, so wie sie es im Radio empfohlen hatten. Am 5. Oktober hatte ich keine einzige Online-Persona mehr. Während ich eine Reportage über die Schlafsituation der Besetzer hörte, sah ich sie vor mir, wie sie in den Ausstellungsräumen lebten und in den schlecht beleuchteten Gängen. Sie baten um Benzin-Heizungen, sie hatten nicht immer Strom.

Ich war zufrieden mit meiner Trauerweide. Ich schickte die Modelle am 6. Oktober an Arianna. Nachts schrieb ich REGEN. Damals im Herbst in Brüssel, als ich noch auf dem Laptop schrieb, wenn Ezra schlief, tippte ich, so leise es ging, ich berührte die Tastatur kaum.

Nur so viel (Sechs Superlative)

Von Anke Stelling

Das Heikle ist halt schon auch spannend.

Eine Freundin von mir – ich sag' jetzt nicht, wer, nur so viel: Dilek ist es nicht – hat eine Szene über Oralsex geschrieben. Beziehungsweise fehlenden Oralsex, und jetzt ist die Frage: wohin damit und wie weiter.

Das ist alles so heikel.

Das erfordert höchste Anonymisierung und Verschwiegenheit, als Letztes erfordert das, dass ich mich seiner auch noch bemächtige und es an mich reiße, um hier was Reißerisches runterzureißen in meiner Kolumne, aber das Heikle ist halt schon auch spannend. Und es hat ja auch einen Grund, warum es heikel erscheint, und ich bin angefragt und angetreten, alles vom Grund an die Oberfläche zu zerren, anzuschauen, hin- und herzuwenden, Luft dranzulassen und dann mal zu sehen, was daraus wird. Was es macht mit uns, oder?

Extrem heikel, dieser Vorgang.

Dilek ist jedenfalls raus, das war auch viel zu heikel – eine reale Freundin als Sidekick zu benutzen –, Benutzen ist immer riskant, auch wenn Annie Lennox singt, dass »manche von denen ja von dir benutzt werden wollen«, und Annie selbst kanonisch geworden ist wie Goethe und Hesse, aber trotzdem. Gibt es immer noch Leute, die *Sweet Dreams* nicht kennen oder Annie Lennox als Instanz nicht anerkennen wollen. Deshalb zumindest jetzt mal wieder die anonymisierende Formel *Ich sag' jetzt nicht, wer*, die am Ende aber auch nichts nützt, weil genug Leute wissen, um wen es sich handelt, vor allem die Person selbst. Der Mann meiner Freundin, zum Beispiel.

Es ist heikel, mit Schriftstellerinnen verheiratet zu sein. Oder auch nur mit einer solchen zu verkehren – entweder man verhängt strenge und eisern zu befolgende Regeln, oder aber man verlässt sich auf ihr Feingefühl und überlässt ihr die gesamte Verantwortung. Richtig so: Es ist ja ihr Text. Ob ihr Feingefühl ihres sein darf – und überhaupt sein kann? –, ist dann schon wieder die nächste Frage, soll irgendwie abgesichert werden durch die eiserne Regel, dass sie ausschließlich ihre eigene Geschichte erzählt. Aber welche ist das? Wem gehört der nicht stattfindende Oralsex?

Geschichten zu erzählen, die nicht die eigenen sind, steht zur Zeit ganz besonders unter Beobachtung. Manche engagieren einen Sensitivity Reader, bevor sie was rausgeben – ich sag' jetzt nicht, wer.

Ich weiß nicht, wem ich diese Kolumne zu lesen geben soll, damit er sie absegnet. Vor Leuten, die andere segnen, gruselt mir, ich bin da von klein auf sensibilisiert.

Eine Freundin von mir – ich sag' jetzt nicht, wer, nur so viel: eine andere als die mit der Sexszene – wurde letzte Woche gecancelt. Ich werd' mich hüten, hier wiederzugeben, weshalb genau, nur so viel: Sie hat nicht nur das dumpfe Gefühl, dass es zu früh ist, den Begriff *Frau* aus dem Sprachgebrauch zu tilgen, sondern argumentiert auch öffentlich dagegen. Zu dem Umstand, dass im Akronym FLINTA* das M fehlt, hat sie eine politische Theorie und vertritt sie. Das fliegt ihr jetzt um die Ohren. Jedenfalls war sie bei mir zu Besuch – auch schon riskant, so jemanden zu beherbergen – und in Sorge, dass es das war mit ihrer Karriere. Mit meiner könnte es auch vorbei sein, jederzeit, das ist das Spannende: Dass unsereins nie weiß, wie lange es noch geht.

Ich geh' zu Rewe. Die Leuchtschrift überm Eingang ist noch intakt. Nur die, die seitlich am Haus angebracht wurde, flackert – supernervös, wahrscheinlich ein Wackelkontakt.

Weiß ich doch nicht, wer für den verantwortlich ist! Wer das vielleicht mal reparieren sollte. Warum das seit Wochen jetzt schon nicht geschieht. Der Kaffee, den ich immer kaufe, ist aus dem Sortiment verschwunden; auch dahinter wird's eine Geschichte geben, die nicht meine ist, also: Vergesst es.

Hier wird jetzt auf nichts Lustiges mehr hingewiesen, sondern auf so was wie *Querer*. Wollen, mögen, lieben. Guck' ich grade auf Arte, vier Folgen, und mir ist richtiggehend schlecht, so gut ist das. Geschrieben, gespielt, inszeniert. Für fünf Stunden wird es zu meiner Geschichte, die Geschichte einer Mutter zweier erwachsener Söhne, die ihren Mann wegen Vergewaltigung in der Ehe anzeigt. Heikle Sache. Spannend.

Riskant auf jeden Fall, mit Frauen verheiratet zu sein in einem Rechtsstaat. Nur so viel: Es geht für niemanden gut aus.

Immer ist's für manche schwerer als für andere. Muss es halt trotzdem irgendwie weitergehen. Geht's dann ja auch, so oder so, und wenn manche – ich sag' jetzt nicht, wer – postulieren, dass hier oder da eine Grenze überschritten sei, dann ist das ihre Sache, dann soll'n sie das tun. Manche wollen auch von dir benutzt werden. Manche wollen andere benutzen, um von sich selbst abzulenken, das ist eine passable Strategie, also: meine auf jeden Fall. Eigentlich kenn' ich niemand, dessen Strategie das nicht ist, wenn ich's mir recht überlege.

Ich saß mal mit einem Kollegen auf dem Podium, der nicht nur Schriftsteller, sondern auch Männerrechtler war. Er war schon damals, vor gut zehn Jahren, ein Außenseiter mit seinen Positionen – jedenfalls in seiner Blase, nur so viel: Berliner Boheme – und weil ich wiederum weiblich sozialisiert bin, hab' ich hartnäckig ein Herz für Außenseiter, tun sie mir leid, will ich sie retten, zumindest beschützen, mir wenigstens zusammenreimen, wie es sein kann, dass sie da hingeraten sind, wo sie jetzt sind. Hab' ich ja an anderer Stelle schon drüber berichtet, auch über die Unterscheidung von *ein* Arsch und *im* Arsch – die nicht leicht ist, und häufig geht halt beides Hand in Hand.

Man – ich sag' jetzt nicht: wer – hatte mich vor dem Männerrechtler gewarnt, doch Gewarntwerden ist bei mir in einer Kategorie mit mich segnen oder mir was absegnen lassen, dazu bin ich zu stolz, zu stur, zu größenwahnsinnig, zu ängstlich im Grunde, so verängstigt, dass ich immer denke, mir passiert schon nichts, wenn ich nur alles genau verstehe und mitempfinde und nicht vorschnell urteile, sondern Hilfe anbiete und Aufmerksamkeit.

Jetzt werden um mich rum aber nach und nach immer mehr Leute auf genau die Art zu Männerrechtlern wie der Kollege schon vor zehn Jahren, und weil's bei mir im Oberstübchen ja auch nicht ganz aufgeräumt ist, denk' ich, das liegt vielleicht an mir, will sagen: bezieh' ich's neurotisch auf mich, nehm's als persönliche Challenge, nur dazu gedacht, mich erst an und dann über meine Grenze zu führen. Go, Stelling, go!

Hier braucht es jetzt dringend ein Beispiel. Sonst versteht ihr ja nicht, wovon ich rede. Aber wie soll ich ein Beispiel bringen, ohne jemanden oder etwas dafür zu benutzen? Nur so viel: Mein Vater will nicht sterben, aber auch nicht das tun, was die Pflegerin ihm sagt, mein Mann will Professor werden, aber da haben weiße Männer ja nun mal keine Chance mehr, und meine Söhne würden durchaus für sich selbst sorgen, wenn ich ihnen beizeiten beigebracht hätte, wie das geht.

Doch das sind ihre Geschichten, da tu ich mich nicht weiter rein.

Lieber zurück zum Oralsex. Es gibt Gründe, warum der nicht stattfindet. Die zu beleuchten und überhaupt erstmal zu erforschen, könnte das Rückgrat eines Romans sein, einer Novelle oder Erzählung, andere haben das auch gemacht ohne Rücksicht auf Verluste und die Frage, ob ihnen die Geschichte überhaupt gehört. Ihnen ganz alleine.

Ein bekannter Schriftsteller – ich sag' jetzt nicht, wer – ist so weit gegangen zu erzählen, dass er nicht wusste, dass Sex ohne Verhütung bei einer Frau zu Schwangerschaft führen kann. Drei Kinder hat er aus Versehen auf die Art gezeugt und sich auch immer irgendwie gefreut – für die Frau, die die Kinder dann hatte. Der Text ist kanonisch und verfilmt, hat einen ellenlangen Wikipedia-Eintrag mit sage und schreibe hundertfünf Einzelnachweisen, und ich versuche, meiner Freundin anhand dieses Beispiels Mut zu machen: Go, Kollegin, go! Es könnte dein intimstes und zartestes, dein bescheidenstes und gleichwohl kühnstes, dein einfachstes und vielleicht eben deshalb originellstes Buch werden.

Der Merkur im Internet: Aktuelle Interventionen und Kommentare, Reaktionen auf Texte in der Druckausgabe, Blicke ins Archiv, Hinweise zu Tagungen und Links zu lesenswerten Artikeln und Essays online, zu finden unter:

www.merkur-zeitschrift.de/blog/

Demnächst:

Andreas Reckwitz
Vom Erben

Daniel Ehrmann / Erika Thomalla
Die alte populäre Öffentlichkeit

Sebastian Conrad
Postkoloniale Theorie und Antisemitismus